卢子

Excel
高手速成视频教程

—— 早做完，不加班 ——

陈锡卢◎著

中国水利水电出版社
www.waterpub.com.cn
·北京·

内 容 简 介

《卢子Excel高手速成视频教程 早做完，不加班》是一本教你快乐运用，轻松享受Excel的书。跟着书中的卢子前行，不但能解决工作上的难题，提高工作效率，提升自我展现能力，还能让Excel成为你的好助手，增添生活乐趣。

《卢子Excel高手速成视频教程 早做完，不加班》凝结了作者钻研Excel十年的宝贵经验，学完后不仅应对日常工作轻松自如，并且还有能力帮助其他人完成工作。情景式的讲解，浸入式的学习。阅读本书，犹如与作者直接对话，可以在轻松、愉悦的氛围下不断提升自己的Excel技能，最终让Excel成为你享受生活的一种工具。

《卢子Excel高手速成视频教程 早做完，不加班》操作版本为Microsoft Office，适用2013/2016/2019/Office 365。相信通过本书的学习，能够有效帮助职场新人提升职场竞争力，也能帮助财务、人力资源管理等人员解决实际问题。

图书在版编目（CIP）数据

卢子 Excel 高手速成视频教程：早做完，不加班 / 陈锡卢著 . -- 北京：
中国水利水电出版社，2020.4
ISBN 978-7-5170-8155-5

Ⅰ.①卢⋯　Ⅱ.①陈⋯　Ⅲ.①表处理软件　Ⅳ.①TP391.13

中国版本图书馆CIP数据核字（2020）第240283号

书　　名	卢子Excel高手速成视频教程　早做完，不加班 LUZI Excel GAOSHOU SUCHENG SHIPIN JIAOCHENG　ZAO ZUOWAN, BU JIABAN
作　　者	陈锡卢 著
出版发行	中国水利水电出版社 （北京市海淀区玉渊潭南路1号D座　100038） 网址：www.waterpub.com.cn E-mail：zhiboshangshu@163.com 电话：（010）62572966-2205/2266/2201（营销中心）
经　　售	北京科水图书销售中心（零售） 电话：（010）88383994、63202643、68545874 全国各地新华书店和相关出版物销售网点
排　　版	北京智博尚书文化传媒有限公司
印　　刷	三河市龙大印装有限公司
规　　格	180mm×210mm　24开本　16.5印张　456千字　1插页
版　　次	2020年4月第1版　2020年4月第1次印刷
印　　数	0001—8000册
定　　价	89.80元

前 言

做财务的人学习Excel，真的不只是为了月薪多拿一些，更重要的是与时俱进，活到老，学到老。

在卢子认识的人中，有不少是做财务的，年薪普遍在30万元以上。纵观其成功要素，有一点基本上是共通的，即Excel玩得炉火纯青。一句话概括：专业素养加Excel技能，能创造更高价值。

每天加班到深夜，有的时候并不是因为敬业，而是你效率低下拖了后腿。不加班的财务才是好财务！

那怎样才能学好Excel，早做完不加班呢？

1. 多看书

书籍一般都是高手付出多年的心血总结出来的，针对性很强。有的书籍还会提供一些学习方法，通过看书你可以少走很多弯路。就拿Excel类书籍来说，卢子起码精读了20本。

多看书，多看经典的好书！

2. 多练习

将你从书中所学运用到工作中，这样你才能记得牢固。但有的人会说，工作中运用高难度Excel操作技巧的地方并不多，怎样才能练习？

卢子也曾经有这种苦恼，后来想到了解决的良策——在Excel论坛、交流群，每天帮人答疑。帮助别人的同时，自己也巩固了知识。

这就是所谓的教学相长！

3. 跟高手学习

踏破铁鞋无觅处，成长还须高手助。很多时候，你想破脑袋都解决不了的问题，高手看一眼就能帮你解决。因此，多提问、多交流很有必要。

山不在高，有仙则名。水不在深，有龙则灵。

知识点不在杂，系统则全。

技能不在炫耀，实用为王。

这次升级书籍，原来的框架不变，案例略作改动，最主要的是新增了一章内容，介绍了Excel在财务工作中的实际应用，使这本Excel书更加全面，基本涵盖了日常所需。

看完《卢子Excel高手速成视频教程 早做完，不加班》，相信读者能学到卢子十年经验的60%～70%，应对日常工作轻松自如，并且还有能力帮助其他人完成工作。

写作《卢子Excel高手速成视频教程 早做完，不加班》的初衷，就是把职场的实用技巧快速传授给你。其中，技巧、函数、数据透视表和图表一个都不会少。经过学习后，Excel将不再是你的痛点，反而是职场的亮点！

目录

V

第 1 章
7 天养成好习惯

　　十年的积累，卢子已不再是当初的"菜鸟"，而是逐步成为别人眼中的"大神"。这不，卢子最近又收了一名勤奋好学的学生——木木。要如何教木木呢？这真是一件令人头痛的事！

　　木木稍微会一点 Excel，但都只是停留在最基础层面的认知上，能够完成一些简单的工作，但仍需不时请教别人。为了能让木木全面学习，卢子采用了边教边练习的形式，让他逐步学习 Excel 的各种应用。

　　Excel 的第一应用：数据存储。先让木木了解到如何储存数据有助于将来更快、更好地处理数据，然后设置一些小障碍——不规范的数据源会让人吃大亏。只有这样才能记得牢，要不以后会继续犯这种低级的错误！

　　养成好的习惯不是两三天就可以的，而是长期坚持的结果，最快也要 7 天才能初见成效。这里先不说什么是好习惯，而是从它的对立面——坏习惯说起。在 Excel 中有哪些习惯是不好的呢？了解这些反面教材，目的是为了让我们引以为戒，从今以后不再犯这些低级错误。

Day 1 拒绝合并单元格

扫一扫 看视频

卢子：Excel 中有这么一个功能，即"合并后居中"，很多人经常会用到。木木，你是不是也经常使用？

木木：对啊，这么好用的功能干嘛不用？如图 1-1 所示，使用这个功能后表格看起来好看多了！

	A	B	C	D	E
1	品类	产地	数量	占比	
2		山东	1	17%	
3	苹果	日本	2	33%	
4		美国	3	50%	
5		本地	4	18%	
6	梨子	日本	5	23%	
7		广西	6	27%	
8		云南	7	32%	
9	桃子	广西	8	47%	
10		云南	9	53%	
11		新疆	10	13%	
12		本地	11	15%	
13	西瓜	云南	12	16%	
14		广西	13	17%	
15		四川	14	19%	
16		贵州	15	20%	
17					

图 1-1　单元格应用"合并后居中"功能区的效果

卢子：确实挺好看的，不错，赞一个。但是，你试过对合并后的单元格进行筛选吗？比如筛选"品类"为"梨子"的所有对应值。

木木：这个还真没有，我试试看。如图 1-2 所示，居然只显示第一个对应值，怎么回事啊？

	A	B	C	D	E
1	品类	产地	数量	占比	
5	梨子	本地	4	18%	
17					
18					

图 1-2　只显示第一个对应值

卢子：这种合并后居中显示适合在纸中记录，而我们现在使用的是 Excel。在纸质媒介上，传统手工输入我们能够自己识别，而在 Excel 中却识别不出来。我们不能用传统的思维来制作表格。如图 1-3 所示，选择"梨子"这个单元格，单击"合并后居中"按钮。因为已经合并单元格了，再单击"合并后居中"按钮就相当于取消合并单元格了。

　　如图 1-4 所示，取消合并单元格后，（相同品类下）只有第一个单元格有值，其他都是空白的。也就是说在进行筛选操作的时候，实际上只能识别第一个单元格是符合条件的，而其他的单元格都不满足，所以筛选不到。

图 1-3　取消合并单元格操作

图 1-4　取消合并单元格后效果

木木：原来是这样啊。

卢子：如果后期要对数据进行处理，建议还是尽量不使用合并单元格，这样能避免一些麻烦。现在给你布置一道作业题，如何实现筛选所有符合"梨子"的对应项目？

木木：感觉好难的样子，回去我好好考虑。

⏳ ●●●● 不到半个小时，木木就做出来了，让卢子很惊讶！

卢子：木木，你好棒啊，这么难的问题，你居然解决了。

木木：偷偷地告诉你，我是上网搜到的，自己不会做。

卢子：善于借助搜索引擎，是一种很好的习惯。现在是网络时代，要利用好身边的一切资源。那你说一下具体怎么操作吧。

❓木木：操作步骤有点复杂，容我一步步道来。

Step 01 如图 1-5 所示，选择区域 A2:A16，单击"合并后居中"按钮，也就是先取消合并单元格。

图 1-5　选择区域后取消合并单元格

Step 02 如图 1-6 所示，按 F5 键（Ctrl + G）调出"定位"对话框，单击"定位条件"按钮。

Step 03 如图 1-7 所示，在弹出的"定位条件"对话框中选中"空值"单选按钮，单击"确定"按钮。

图 1-6　调出"定位"对话框　　　　　　　图 1-7　定位空值

Step 04　如图 1-8 所示，输入公式 = 上一单元格，即 "=A2"。

Step 05　关键一步，不能直接按 Enter 键，否则就前功尽弃了。看清楚了，按快捷键
Ctrl+Enter 结束。如图 1-9 所示，瞬间就将所有内容填充完毕。

ROMAN ▼	:	✕ ✓	fx	=A2

	A	B	C	D
1	品类		数量	占比
2	苹果		1	17%
3	=A2		2	33%
4		美国	3	50%
5	梨子	本地	4	18%
6		日本	5	23%
7		广西	6	27%
8		云南	7	32%
9	桃子	广西	8	47%
10		云南	9	53%
11	西瓜	新疆	10	13%
12		本地	11	15%
13		云南	12	16%
14		广西	13	17%
15		四川	14	19%
16		贵州	15	20%

图 1-8　输入公式

A3	▼	:	✕ ✓	fx	=A2

	A	B	C	D
1	品类	产地	数量	占比
2	苹果	山东	1	17%
3	苹果	日本	2	33%
4	苹果	美国	3	50%
5	梨子	本地	4	18%
6	梨子			
7	梨子			
8	梨子	云南	7	32%
9	桃子	广西	8	47%
10	桃子	云南	9	53%
11	西瓜	新疆	10	13%
12	西瓜	本地	11	15%
13	西瓜	云南	12	16%
14	西瓜	广西	13	17%
15	西瓜	四川	14	19%
16	西瓜	贵州	15	20%
17				

图 1-9　填充公式操作

现在要筛选什么品类，直接筛选就行了，非常方便。

卢子：现学现用，好厉害。

木木：不过我不知道这里为什么要输入 "=A2"，只是糊里糊涂地跟着操作。

卢子：这里涉及以下两个知识点。

（1）相对引用的作用：在 A3 中输入 "=A2"，在 A4 中就自动变成了 "=A3"，
在 A6 中就自动变成了 "=A5" ……也就是说不管到哪一个单元格，始
终等于上一个单元格的值。这个在后面函数部分我会详细解释。

（2）定位空值的作用：只是填充没有值的单元格，而有值的单元格则始终
保持不变。

木木：这下明白了，既懂得了方法又明白了原理。

知识扩展：

为合并单元格填充内容后，区域中是包含有公式的，如果能够将公式变成值的形式会更好。如图 1-10 所示，选择区域 A2:A16 并复制，然后右击，选择"粘贴成值"，也就是单击"123"图标，将公式复制粘贴成值。

在 WPS 表格中，要取消合并单元格填充内容非常简单。选择区域，单击"合并居中"下拉按钮，在弹出的下拉列表中选择"拆分并填充内容"，如图 1-11 所示。

图 1-10　将公式复制粘贴成值

图 1-11　WPS 表格拆分并填充内容

课后练习

如图 1-12 所示，正常情况下我们都是需要合并单元格才能居中，如何在不合并单元格的情况下实现居中呢？

	品类	产地	数量	占比
	销售明细表			
品类	产地	数量	占比
苹果	山东	1	17%
苹果	日本	2	33%
苹果	美国	3	50%
梨子	本地	4	18%
梨子	日本	5	23%
梨子	广西	6	27%
梨子	云南	7	32%
桃子	广西	8	47%
桃子	云南	9	53%

图 1-12　不使用合并单元格的居中

Day2　名词缩写带来的麻烦

扫一扫 看视频

卢子：如图 1-13 所示，这是两个会计论坛每天的发帖明细表。有的时候为了偷懒，我们会将会计科普论坛写成会计网，将会计视野论坛写成视野。木木，你是不是经常这样简写？

	日期	论坛	发帖数	D
1	日期	论坛	发帖数	
2	1月30日	会计科普论坛	2430	
3	1月31日	会计网	2039	
4	2月1日	会计网	2776	
5	2月1日	会计视野论坛	1691	
6	2月2日	视野	1700	
7				

图 1-13　使用简写

木木：你怎么知道？这样每天少写很多字，多好！

卢子：这样说也合情合理，能偷懒的情况下，谁不想偷懒？一向以懒人著称的我，很多时候连写都不想写，直接复制粘贴上去。如果现在让你分别统计两个论坛的发帖数，你有什么办法统计吗？

木木：就这几天的发帖数，我敲几下计算器就搞定了，不发愁！

卢子：如果现在的数据是 10000 行呢？你是不是准备敲到明天？

木木：是啊。

卢子：说句实话，我也曾经这样干过。回想一下，就是因为当初不够懒。当一个人懒到了极点，必然会想办法让自己效率更高，让自己更加轻松。

木木：那现在是不是有更好的解决办法？

卢子：因为将名词缩写了，所以不能直接汇总。但我们可以制作一个下拉列表，通过下拉列表选择论坛，这样可以实现快速输入，同时保证一致性。名词统一后，就可以借助数据透视表轻松实现汇总。

Step 01　将论坛的全名输入在 E 列，如图 1-14 所示。

	A	B	C	D	E	F
1	日期	论坛	发帖数		论坛	
2	1月30日	会计科普论坛	2430		会计科普论坛	
3	1月31日	会计网	2039		会计视野论坛	
4	2月1日	会计网	2776			
5	2月1日	会计视野论坛	1691			
6	2月2日	视野	1700			
7						

图 1-14　输入论坛全名

Step 02　如图 1-15 所示，选择区域 B2:B17，切换到"数据"选项卡，单击"数据验证"按钮，打开"数据验证"对话框，在"允许"下拉列表框中选择"序列"选项，在"来源"文本框引用"=$E$2:$E$3"（E 列的区域，直接用鼠标选择即可），最后单击"确定"按钮。

图 1-15　设置下拉列表

Step 03　如图 1-16 所示，现在要选择论坛名，只需通过下拉列表进行选择即可，方便快捷。

图 1-16　下拉列表示意图

木木：这样确实方便很多，以后再也不用手工输入了。

卢子：这里再简单介绍一下如何用数据透视表汇总每个论坛的发帖数。

Step 01　如图 1-17 所示，单击数据源任何单元格，比如 A1，切换到"插入"选项卡，单击"数据透视表"按钮，默认情况下会自动帮你选择好区域，保持默认不变，单击"确定"按钮。

图 1-17　创建数据透视表

Step 02　如图 1-18 所示，弹出"数据透视表字段"对话框，只需同时勾选论坛与发帖数，就可以快速统计每个论坛的发帖数，不到 1 分钟就完成了别人 1 天的工作量。

木木：哇！这个功能好强大。

卢子：数据透视表是 Excel 最强大的功能，等你熟练了基本操作以后再教你更全面的用法。

图 1-18　勾选字段

知识扩展：

在设置下拉列表的时候，"来源"采用的是引用单元格区域，这样就造成多余了一列。其实"来源"也可以直接输入，然后用英文状态的逗号隔开，如图 1-19 所示。

图 1-19　直接输入"来源"

设置下拉列表后，如果手工输入名词缩写，则会弹出警告对话框，不让你输入，如图 1-20 所示。

图 1-20　警告对话框

虽然不让输入其他值，但对于以前已经输入的值是无效的。以前输入的缩写可以先用"圈释无效数据"功能将其圈释出来，再重新更改成标准的，如图 1-21 所示。

图 1-21　圈释无效数据

课后练习

如图 1-22 所示，论坛不在同一个工作表的情况下，如何制作一级下拉列表？

图 1-22　跨工作表制作下拉列表

Day3　统一日期格式

扫一扫 看视频

卢子：日期的表示方法有很多，如 2015 年 1 月 30 日、2015-1-30、2015/1/30、2015.1.30、20150130……

⏳ ●●●● 木木，你平常喜欢用哪一种格式的日期呢？

木木：我比较喜欢用 2015-1-30 这种格式的日期。

卢子：原来木木一直保持着良好的习惯，都输入规范的日期。如图 1-23 所示，如果是标准格式的日期与非标准格式的日期混合在一起，你如何将 2.1 这种非标准格式转换成标准格式呢？

木木：这个我会。如图 1-24 所示，选择 A 列，按快捷键 Ctrl+H，调出"查找和替换"对话框，将"."替换成"-"，单击"全部替换"按钮即可。

如图 1-25 所示，一下就转变成标准格式的日期了。

图 1-23　标准格式的日期与非标准格式的日期的混合

图 1-24　替换

	A	B	C	D
1	日期	论坛	发帖数	
2	1月30日	会计科普论坛	2430	
3	1月31日	会计科普论坛	2039	
4	2月1日	会计科普论坛	2776	
5	2月1日	会计视野论坛	1691	
6	2月2日	会计视野论坛	1700	
7				

图 1-25　替换后效果

卢子：看来以后不能小看木木了，"查找和替换"功能掌握得挺好的。其实除了替换，还可以用分列来完成。与替换功能相比，稍微麻烦一点，不过这里作为另外一种方法，可以参考一下。

Step 01　如图 1-26 所示，选择区域 A2:A6，切换到"数据"选项卡，单击"分列"按钮，在弹出的"文本分列向导"对话框中保持默认设置不变，连续 2 次单击"下一步"按钮。

图 1-26　分列

Step 02　如图 1-27 所示，选择"日期"格式，单击"完成"按钮，就可以转换成标准日期了。

木木：你多教一种方法，我就多学习了一种，赚到了。

图 1-27 选择"日期"格式分列

知识扩展：

分列是一个很强大的功能，可以将数值与文本格式相互转换、按分隔符分列、按固定字符分列等。

1. 按分隔符（*）分列

如图 1-28 所示，尺寸的数据都是用"*"隔开的，有没有什么方法能够提取长、宽？

Step 01 如图 1-29 所示，选择单元格 A2:A10，切换到"数据"选项卡，单击"分列"按钮，在弹出的"文本分列向导"对话框中保持默认设置不变，单击"下一步"按钮。

图 1-28　提取长、宽

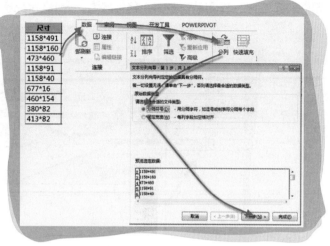

图 1-29　文本分列第 1 步

Step 02 如图 1-30 所示，在"分隔符号"栏中勾选"其他"复选框，在其右侧文本框中输入"*"，单击"下一步"按钮。

图 1-30　文本分列第 2 步

Step 03 如图 1-31 所示，设置"目标区域"为 B2 单元格，单击"完成"按钮。

图 1-31　文本分列第 3 步

2. 按固定字符将姓名分离

如图 1-32 所示，怎么将姓名分成姓与名，并显示在两列呢？

	A	B	C
1	姓名	姓	名
2	刘红梅		
3	谷聪丽		
4	曲永晨		
5	彭金兰		
6	方琴		
7	杨红英		
8	刘朝贵		
9	罗恩梅		
10	杨刚		
11	罗志红		
12	王连美		

图 1-32　姓名清单

Step 01 选择单元格 A2:A12，将姓名复制到 B 列。

Step 02 在"数据"选项卡中单击"分列"按钮，在弹出的"文本分列向导"对话框中选中"固定宽度"单选按钮，单击"下一步"按钮。

Step 03 单击第一个汉字处，单击"完成"按钮。至此姓名就完成了分列，如图 1-33 所示。

图 1-33 按固定字符分列

课后练习

如图 1-34 所示，如何从身份证中将出生日期分离出来？

	A	B
1	身份证号	出生日期
2	445121 ****** 5616	1987-9-5
3	440582 ****** 1545	1990-1-19
4	440508 ****** 3916	1983-5-8
5	440509 ****** 2819	1982-9-9
6	420821 ****** 2028	1990-7-5
7	362201 ****** 5428	1987-6-12
8	440804 ****** 1159	1992-7-31
9	510321 ****** 0786	1980-10-3
10	442529 ****** 5748	1962-4-14
11	440882 ****** 3715	1995-5-3

图 1-34 提取出生日期

Day4 数据与单位分离

扫一扫 看视频

🔲 卢子：如图 1-35 所示，这是 Excel 效率手册销售明细表。在记录的时候为了让别人看清单位，所以在最后面添加了一个"本"字。木木，你见过这种吗？

❓ 木木：当然见过啦，我们做财务的，很多时候都是这样，在金额后面添加单位元，比如 2000 元这种。

🔲 卢子：这种看起来虽然没什么问题，但实际上却是个大问题。这种数据是不能直接求和的，你可以试试。

❓ 木木：我试试看。

Step 01 如图 1-36 所示，将光标放在 B7 单元格，单击"自动求和"按钮。

✏️ 图 1-35 数量包含单位　　　　✏️ 图 1-36 自动求和

Step 02 如图 1-37 所示，用鼠标选择求和区域 B2:B6。

Step 03 如图 1-38 所示，按 Enter 键后，总数量为 0。

✏️ 图 1-37 选取区域　　　　✏️ 图 1-38 数据不能求和

🔲 木木：还真是这样，这是怎么回事？

🔲 卢子：添加了单位的数字，就不是数字了，而是文本。文本是不能求和的，直接按
　　　　"0"处理。也就是说，数字跟单位要分离才可以。这个分离木木应该很熟练吧，
　　　　你来操作一遍。

🔲 木木：好啊。

　　如图1-39所示，借助快捷键Ctrl+H调出"查找和替换"对话框，将"本"替换成空（也
就是什么内容都不用输入），单击"全部替换"按钮。

　　如图1-40所示，将单位替换掉，就能自动求和了。

✏️ 图1-39　替换"本"字

✏️ 图1-40　数量可以求和了

🔲 卢子：如图1-41所示，一格一属性，不同的东西不要放在同一个单元格。单位都统
　　　　一的话，可以直接放在表头。

　　如图1-42所示，单位不统一的话，可以添加一列单独放置。

✏️ 图1-41　一格一属性1

✏️ 图1-42　一格一属性2

小小的改变，却能给统计带来极大的便利。

知识扩展：

如果一定要显示单位"本"，可以通过自定义单元格格式来实现。自定义单元格格式不会改变单元格本身的性质，只是欺骗我们的眼睛而已。

如图 1-43 所示，选择区域 B2:B6，按快捷键 Ctrl+1 调出"设置单元格格式"对话框，在"分类"列表框中选择"自定义"选项，设置"类型"为"0"本""，单击"确定"按钮。

自定义单元格格式后，虽然单元格中多了一个"本"字，但照样可以求和。

图 1-43　自定义单元格格式

课后练习

如图 1-44 所示，输入数字的时候，自动显示包装 N 部。

	A	B
1	输入内容	显示效果
2	1	包装1部
3	12	包装12部
4	21	包装21部
5	22	包装22部
6	8	包装8部
7	4	包装4部

图 1-44　自定义包装 N 部

扫一扫 看视频

Day5 不使用无意义的空格

卢子：如图 1-45 所示，这是对刚才那份 Excel 效率手册的销售明细表进行改进后的效果。在姓名栏里，我们需要将姓名对齐。很多人都是用输入空格的方法让姓名对齐的。木木，你是否也是这样做的？

图 1-45　输入多余的空格

木木：是啊，你怎么知道的？我经常这样做。难道有其他方法吗？

卢子：方法还真有一个，将对齐方式设置为分散对齐即可。

Step 01　如图 1-46 所示，借助快捷键 Ctrl+H，调出"查找和替换"对话框，在"查找内容"框中输入一个空格，在"替换为"文本框中不输入任何字符，单击"全部替换"按钮。

图 1-46　替换掉空格

Step 02 如图 1-47 所示，选择 A2:A6 区域，在"对齐方式"组中单击右下角的⬛按钮，打开"设置单元格格式"，在"水平对齐"下拉列表框中选择"分散对齐"，单击"确定"按钮。

✏️ 图 1-47　设置分散对齐

如图 1-48 所示，设置完成后，姓名就自动对齐了。

这样设置可以不用录入空格，大大提高了效率，同时也避免了空格录入多一个或者少一个的情况。

Step 03 再将 A 列的列宽变小，这样看起来效果更好，如图 1-49 所示。

✏️ 图 1-48　分散对齐效果　　　　　　✏️ 图 1-49　调整列宽

🔒 木木：这方法好棒，学习了。

知识扩展：

如图 1-50 所示，用手工添加空格的方法有时难免会多添加一个空格或少添加一个空格，这样会被 Excel 认为是不同姓名，导致统计出错。

	A	B	C	D	E
1	姓名	数量（本）		行标签 ▼	求和项:数量（本）
2	黄光华	1		黄光华	3
3	黄光华	2		李 宁	1
4	李 宁	1	➔	李 宁	1
5	张建	1		张 建	2
6	张 建	2		张建	1
7	李 宁	1		**总计**	**8**
8					

✏️ 图 1-50 统计出错

课后练习

如图 1-51 所示，为了使金额显示得更美观，进行了缩进处理。除了敲空格，你知道该如何操作吗？

	A	B	C
1	年份	金额	效果
2	2014年	63,076.50	63,076.50
3	2015年	98,039.50	98,039.50
4	2016年	111,492.00	111,492.00
5	2017年	24,186.00	24,186.00
6			

✏️ 图 1-51 金额缩进

Day6 **保护工作表中的公式不被修改**

🖐 卢子: 如图 1-52 所示, 这是一份员工信息表, 如果要发送给别人, 但里面的黄色填充部分设置了公式不想让别人修改。木木, 如果是你, 你会怎么做呢?

	A	B	C	D	E
1	姓名	身份证	出生日期	周岁	
2	綦建功	431381198703102276	1987-03-10	27	
3	乐弘文	431381197204199750	1972-04-19	42	
4	史俊哲	360829197304203537	1973-04-20	41	
5	綦圣杰	360829198501265395	1985-01-26	30	
6	郝清怡	360829198009191873	1980-09-19	34	
7	伍怡悦	360829197309115173	1973-09-11	41	
8	元泽民	360829197801181711	1978-01-18	37	
9	水开弇	360829198608121711	1986-08-12	28	
10	元嘉懿	360829197002105333	1970-02-10	44	
11	佘惠卓	360829197009284274	1970-09-28	44	
12	方熙运	360829198406234312	1984-06-23	30	
13	虞俊豪	360829197705237199	1977-05-23	37	
14	拳越泽	360829197107267099	1971-07-26	43	
15					

✏️ 图 1-52 员工信息表

❓ 木木: 直接跟他们说, 这里有公式, 不能修改, 否则会出错啦!

🖐 卢子: 靠人为提醒始终不是办法, 如果要发送的人很多, 不可能全部提醒到位, 即使提醒了别人也不一定会记住。

❓ 木木: 那还能怎么办?

🖐 卢子: 对于这种情况, 其实 Excel 中有一个专门的功能, 就是保护工作表。也就相当于给工作表加一把锁, 要打开这把锁必须有钥匙才行, 而这把钥匙就是密码。这个密码只有你才有, 通过保护, 别人想改也改不了。

❓ 木木: 居然有这么神奇的功能, 我现在就想看看具体是如何操作的?

🖐 卢子: 这个操作步骤比前面的那些功能稍微烦琐一点, 我一步步操作给你看。

Step 01 如图 1-53 所示，单击"全选"按钮，按快捷键 Ctrl+1 调出"设置单元格格式"对话框，切换到"保护"选项卡，取消勾选"锁定"和"隐藏"复选框，单击"确定"按钮。

图 1-53 取消勾选"锁定"和"隐藏"复选框

Step 02 如图 1-54 所示，选择区域 C2:D14，按快捷键 Ctrl+1 调出"设置单元格格式"对话框，切换到"保护"选项卡，勾选"锁定"和"隐藏"复选框，单击"确定"按钮。

Step 03 如图 1-55 所示，切换到"审阅"选项卡，单击"保护工作表"按钮，在弹出的"保护工作表"对话框中设置密码为 123456（设置为自己能够记住的数字密码），单击"确定"按钮。

图 1-54 勾选"锁定"和"隐藏"复选框

图 1-55 设置工作表保护

Step 04 如图 1-56 所示，在弹出的"确认密码"对话框中再输入一遍密码，单击"确定"
按钮。

大功告成，如图 1-57 所示，现在只要修改公式区域，就会自动弹出警告，让你无法
修改。

图 1-56　确认密码

图 1-57　警告

木木：明白了，自己多练习几次就能完全掌握了！

知识扩展：

如果以后自己要修改公式，可以撤销密码。如图 1-58 所示，单击"撤销工作表保护"按钮，输入密码 123456 即可。

图 1-58　撤销工作表保护

课后练习

如图 1-59 所示，对表格进行保护后，除了可以进行图片编辑以外，其他功能都禁止使用。

图 1-59　保护后只能对图片进行处理

Day7　数据备份以及另存为 PDF 很重要

扫一扫 看视频

卢子：木木，最近 Excel 学得怎么样了？

木木：你教的那些我全部都会啦，哈哈。

卢子：其实这些都是细节问题，稍微提一下就会了。对了，平常你收到别人发送过来需要处理的 Excel 文档的时候，你是直接编辑还是？

木木：打开 Excel 后就直接编辑啊，难不成还要做什么处理？

卢子：对于一些不重要的表格，这样直接编辑没有问题。但对于一些表格模板或者重要的表格，最好事先备份。如图 1-60 所示，利用副本进行编辑。尽量不要在原稿上进行修改，以免出现一些意想不到的麻烦。

图 1-60　建立副本

🐷 木木：会有什么麻烦呢？

🐷 卢子：比如你现在对表格进行了一系列操作后，要想重新还原到最初的表格，基本
上是办不到的。如果只是对副本进行操作，则不管怎么操作，原来的文档都
还在，如果以后需要最初的表格，你依然可以找到。

🐷 木木：你考虑得真周到，学习了。

知识扩展：

　　还有一种情况就是：报告做好了，一份留底，一份传给其他
人。为了让报告不被修改，以前都是直接打印出来，然后将打印
件传真给其他人。现在提倡绿色办公，节约用纸，如果传送电子
文档给其他人，有没有办法让别人无法修改电子文档的内容？

　　其实可以将 Excel 转换成 PDF，这样别人就不能轻易更改你
的内容。如图 1-61 所示，文件"另存为"，选择存储位置，"保
存类型"选择 PDF，单击"保存"按钮。

图 1-61　另存为 PDF

今日无练习，7 天的好习惯已经讲完，你有收获吗？

第2章
事半功倍的数据批量处理绝招

好习惯养成了，接下来就得学会快速录入数据，这样才能提高工作效率。

扫一扫 看视频

Day8 序列数字生成大法

💡 卢子：木木，这里有一份客户清单，需要逐个输入序号，如图 2-1 所示。你知道怎么做吗？

	A	B	C	D	E
1	序号	区域	省份	客户代码	
2	1	西南区	四川	086.05.17.0179	
3	2	华中区	四川	086.05.17.0183	
4	3	西南区	四川	086.05.17.0185	
5		西南区	四川	086.05.17.0196	
6		西南区	四川	086.05.17.0184	
7		西南区	四川	086.05.17.0282	
8		西南区	四川	086.05.17.0612	
9		西南区	四川	086.05.17.0279	
10		华北区	四川	086.05.17.0175	
11		西南区	四川	086.05.17.0255	
12		西南区	四川	086.05.17.0256	
13		西北区	四川	086.07.30.0043	
14		西南区	重庆	086.05.18.0004	
15		西南区	重庆	086.05.18.0038	
16					

✏ 图2-1 客户清单

❓ 木木：这个我会，很容易。

如图 2-2 所示，在 A2 单元格中输入"1"，然后将鼠标指针放在该单元格右下方，当其变为"+"形后，按住 Ctrl 键，向下拖动鼠标到 A15 就可以生成 1～14 的序号。

💡 卢子：不错。鼠标下拉这种方式适合生成序号比较少的，但如果序号较多的话，用这种方式就不太合适了。这时可以将鼠标指针放在 A2 单元格右下方，当其变为"+"形后，双击单元格，选择"填充序列"，就可以自动填充序号，如图 2-3 所示。

❓ 木木：对哦，如果有 1 万个序号，要下拉好久，还是你的方法快捷。

	A	B	C	D
1	序号	区域	省份	客户代码
2	1	西南区	四川	086.05.17.0179
3		西南区	四川	086.05.17.0183
4		西南区	四川	086.05.17.0185
5		西南区	四川	086.05.17.0196
6		西南区	四川	086.05.17.0184
7		西南区	四川	086.05.17.0282
8		西南区	四川	086.05.17.0612
9		西南区	四川	086.05.17.0279
10		华北区	四川	086.05.17.0175
11		西南区	四川	086.05.17.0255
12		西南区	四川	086.05.17.0256
13		西北区	四川	086.07.30.0043
14		西南区	重庆	086.05.18.0004
15		西南区	重庆	086.05.18.0038

图 2-2　下拉生成序号

图 2-3　填充序列

知识扩展：

如果输入的序列为文本型数字，操作会略有差异。

如图 2-4 所示，输入第一个序号后，直接下拉就可以。

如图 2-5 所示，输入第一个序号后，采用双击填充。

	A	B	C	D
1	序号	区域	省份	客户代码
2	01	西南区	四川	086.05.17.0179
3	02	华中区	四川	086.05.17.0183
4	03	西南区	四川	086.05.17.0185
5	04	西南区	四川	086.05.17.0196
6	05	西南区	四川	086.05.17.0184
7	06	西南区	四川	086.05.17.0282
8	07	西南区	四川	086.05.17.0612
9	08	西南区	四川	086.05.17.0279
10	09	华北区	四川	086.05.17.0175
11	10	西南区	四川	086.05.17.0255
12	11	西南区	四川	086.05.17.0256
13	12	西北区	四川	086.07.30.0043
14	13	西南区	重庆	086.05.18.0004
15	14	西南区	重庆	086.05.18.0038

图 2-4　直接下拉

	A	B	C	D
1	序号	区域	省份	客户代码
2	01	南区	四川	086.05.17.0179
3		华中区	四川	086.05.17.0183
4		西		086.05.17.0185
5		西		086.05.17.0196
6		西南区	四川	086.05.17.0184
7		西南区	四川	086.05.17.0282
8		西南区	四川	086.05.17.0612
9		西南区	四川	086.05.17.0279
10		华北区	四川	086.05.17.0175
11		西南区	四川	086.05.17.0255
12		西南区	四川	086.05.17.0256
13		西北区		086.07.30.0043
14		西南区	重庆	086.05.18.0004
15		西南区	重庆	086.05.18.0038

图 2-5　双击填充

课后练习

如图 2-6 所示，如何生成偶数等差序列？

	A
1	等差序列
2	2
3	4
4	6
5	8
6	10
7	12
8	14
9	16
10	

图 2-6　偶数等差序列

Day9　你所不知道的日期填充秘密

扫一扫 看视频

木木：卢子，求救。如图 2-7 所示，我在给人员排班的时候，希望按工作日来填充日期，但直接下拉的话没有排除掉周末，怎么办？

	A	B	C
1	日期	人员	
2	2015-1-3	王启	
3	2015-1-4	郑准	
4	2015-1-5	周嗣	
5	2015-1-6	李节	
6	2015-1-7	张三	
7	2015-1-8	孔庙	
8	2015-1-9	刘戬	
9	2015-1-10	张大民	
10	2015-1-11	阮大	
11	2015-1-12	吴柳	
12	2015-1-13	李明	
13	2015-1-14	田七	
14	2015-1-15	王小二	
15	2015-1-16	蔡延	
16			

图 2-7　人员排班表

卢子：如果细心观察的话，你会发现下拉的时候出现一个"自动填充选项"图标，如图 2-8 所示。单击右侧的下拉按钮，有各种各样的填充方式可供选择，在此选中"以工作日填充"单选按钮。

此外，我们也可以试试"以月填充"和"以年填充"，效果如图 2-9 所示。

木木：原来如此，谢谢卢子。

图 2-8　以工作日填充　　　　　　　　图 2-9　以月和年填充

知识扩展：

日期填充还能返回上个月的最后一天。

Step 01　如图 2-10 所示，输入第一个日期，然后下拉填充，选中"以月填充"单选按钮。

Step 02　如图 2-11 所示，往左边拖曳，选中"以天数填充"单选按钮。

图 2-10　以月填充

图 2-11　以天数填充

 课后练习

如图 2-12 所示，利用填充日期的功能，填充返回上个月。

	A	B	C
1		填充效果	内容
2		2014年12月	2015年1月
3		2015年1月	2015年2月
4		2015年2月	2015年3月
5			

图 2-12　返回上个月

扫一扫 看视频

Day10　神奇的快速填充

Excel 中除了填充序列、日期填充，还有一个最神奇的填充功能，即快速填充，又称闪电填充。

神奇的快速填充，到底有多神奇呢？

（1）从身份证号提取出生日期，如图 2-13 所示。

如图 2-14 所示，单元格事先设置为文本或者输入一个"'"，然后输入第一个出生日期，下拉选择"快速填充"。

图 2-13　提取出生日期

图 2-14　选中"快速填充"单选按钮

（2）从文本和数字混合中提取数字，如图 2-15 所示。

输入第一个数字，按快捷键 Ctrl+E，如图 2-16 所示。

	A	B
1	卢子713	713
2	陈锡卢870905	870905
3	笑看今朝19870905	19870905
4		

图 2-15　提取数字

图 2-16　快捷键 Ctrl+E 的使用 1

（3）从电子邮箱中提取名字，如图 2-17 所示。

	A	B
1	电子邮件	名字
2	Nancy.Freehafer@fourthcoffee.com	Nancy
3	Andrew.Cencini@northwindtraders.com	Andrew
4	Jan.Kotas@litwareinc.com	Jan
5	Mariya.Sergienko@graphicdesigninstitute.com	Mariya
6	Steven.Thorpe@northwindtraders.com	Steven
7	Michael.Neipper@northwindtraders.com	Michael
8	Robert.Zare@northwindtraders.com	Robert
9	Laura.Giussani@adventure-works.com	Laura
10	Anne.HL@northwindtraders.com	Anne
11	Alexander.David@contoso.com	Alexander
12	Kim.Shane@northwindtraders.com	Kim
13		

图 2-17　提取名字

输入第一个名字，按快捷键 Ctrl+E，如图 2-18 所示。

	A	B
1	电子邮件	名字
2	Nancy.Freehafer@fourthcoffee.com	Nancy
3	Andrew.Cencini@northwindtraders.com	
4	Jan.Kotas@litwareinc.com	
5	Mariya.Sergienko@graphicdesigninstitute.com	
6	Steven.Thorpe@northwindtraders.c	
7	Michael.Neipper@northwindtraders	
8	Robert.Zare@northwindtraders.com	
9	Laura.Giussani@adventure-works.com	
10	Anne.HL@northwindtraders.com	
11	Alexander.David@contoso.com	
12	Kim.Shane@northwindtraders.com	

图 2-18　快捷键 Ctrl+E 的使用 2

（4）合并姓名，如图 2-19 所示。

输入第一个姓名，按快捷键 Ctrl+E，如图 2-20 所示。

	A	B	C
1	姓	名	姓名
2	陈	锡卢	陈锡卢
3	谷	聪丽	谷聪丽
4	曲	永晨	曲永晨
5	彭	金兰	彭金兰
6	方	琴	方琴
7	杨	红英	杨红英
8	刘	朝贵	刘朝贵
9	罗	恩梅	罗恩梅
10	杨	刚	杨刚
11	罗	志红	罗志红
12	王	连美	王连美

图 2-19　合并姓名

	A	B	C
1	姓	名	姓名
2	陈	锡卢	陈锡卢
3	谷	聪丽	
4	曲	永晨	
5	彭	金兰	
6	方	琴	
7	杨	红英	
8	刘	朝贵	
9	罗	恩梅	
10	杨	刚	
11	罗	志红	
12	王	连美	
13			

图 2-20　快捷键 Ctrl+E 的使用 3

（5）合并姓名和手机号码，如图 2-21 所示。

	A	B	C
1	姓名	手机号	合并
2	刘雪梅	15107125626	刘雪梅的手机号15107125626
3	史胜兰	13585671719	史胜兰的手机号13585671719
4	陆璐	18776003199	陆璐的手机号18776003199
5	王偲	15200865973	王偲的手机号15200865973
6	王晓燕	18844543250	王晓燕的手机号18844543250
7	李琦琦	13660906465	李琦琦的手机号13660906465
8	刘逸良	17725764882	刘逸良的手机号17725764882

图 2-21　合并姓名和手机号码

输入第一个姓名和手机号的所有内容，按快捷键 Ctrl+E，如图 2-22 所示。

图 2-22　快捷键 Ctrl+E 的使用 4

 课后练习

从调色配方中提取中间配色，如图 2-23 所示。

图 2-23　提取中间配色

 Day11　简捷、高效的时间录入方法

扫一扫 看视频

普通录入

1. 手工输入技巧

手工录入当年日期时，可以不输入年份。比如，在单元格中输入"4-25"后，将单元格格式设置为短日期或者自定义为 yyyy-m-d（如图 2-24 所示），Excel 会自动补全当年年份，变成 2017-4-25。

图 2-24　短日期

2. 快捷键录入法

按住 Ctrl 键，再按 ";"（分号）键，此时将直接显示当前日期，如图 2-25 所示。

按住 Ctrl 键，然后按住 Shift 键，再按 ";" 键，则将自动显示当前时间，如图 2-26 所示。

图 2-25　显示当前日期

图 2-26　显示当前时间

3. 函数录入法

TODAY 函数，返回当前日期。不论你何时打开工作簿，TODAY 函数都可以实现工作表日期动态显示为当前日期，如图 2-27 所示。

NOW 函数，返回当前时间。如要让工作表显示当前日期和时间，或基于当前日期和时间计算某一值，并且想实现每次打开工作表时，都显示为当前日期和时间的效果，NOW 函数会很有用，如图 2-28 所示。

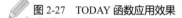

图 2-27　TODAY 函数应用效果

图 2-28　NOW 函数应用效果

知识扩展：更好用的录入技巧

我们经常要在 Excel 表格里录入日期（年月日）＋时间（0:00:00），有没有一种方法可以实现直接单击某单元格后自动弹出一个下拉列表，然后在其中选择日期和时间（显示格式：2017-6-11 9:10:01）的效果？

如图 2-29 所示，当前时间自动显示在下拉列表中，单击后直接录入到表格里。

图 2-29　选择当前日期＋时间

Step 01 将单元格格式设置为 yyyy-m-d h:mm:ss，如图 2-30 所示。

Step 02 在 E1 单元格中输入 NOW 函数。

```
=NOW()
```

图 2-30　自定义单元格

Step 03 制作下拉列表。选择 C2:C7 单元格区域，切换到"数据"选项卡，单击"数据验证"按钮，打开"数据验证"对话框，在"允许"下拉列表框中选择"序列"选项，"来源"用鼠标引用 E1 的位置，单击"确定"按钮，如图 2-31 所示。

图 2-31　制作下拉列表

课后练习

如图 2-32 所示，将 A 列的日期与 B 列的时间合并起来，显示在 C 列。

	A	B	C
2	日期	时间	合并
3	2017-6-1	2:30	2017-6-1 2:30
4	2017-6-2	3:30	2017-6-2 3:30
5	2017-6-3	4:30	2017-6-3 4:30
6	2017-6-4	5:30	2017-6-4 5:30
7	2017-6-5	6:30	2017-6-5 6:30
8	2017-6-6	7:30	2017-6-6 7:30
9	2017-6-7	8:30	2017-6-7 8:30
10	2017-6-8	9:30	2017-6-8 9:30
11	2017-6-9	10:30	2017-6-9 10:30

图 2-32　将日期和时间合并

 Day12　**录入长字符串的技巧**

扫一扫 看视频

卢子：木木，在图 2-33所示的表格中，如果要增加一列内容，即录入身份证号码，你知道怎么操作吗？

	A	B	C	D
1	日期	人员	身份证号码	
2	2015-1-3	王启	626345199605132058	
3	2015-1-5	郑准		
4	2015-1-6	周嚙		
5	2015-1-7	李节		
6	2015-1-8	张三		
7	2015-1-9	孔庙		
8	2015-1-12	刘戡		
9	2015-1-13	张大民		
10	2015-1-14	阮大		
11	2015-1-15	吴柳		
12	2015-1-16	李明		
13	2015-1-19	田七		
14	2015-1-20	王小二		
15	2015-1-21	蔡延		

图 2-33　录入身份证号码

木木：这个我会。身份证号码与其他数字不一样，超过 15 位数字，如果直接输入会出错，15 位后面全部变成 0，如图 2-34 所示。

图 2-34　超过 15 位数字后面全变成 0

如图 2-35 所示，在输入的时候，只需在身份证号码前面输入 "'" 即可。

图 2-35　输入 "'"

卢子：这也是一种方法，不过我平常更习惯先将单元格设置为"文本"格式。如图 2-36 所示，选择区域 C2:C15，将单元格格式改成"文本"，然后再录入身份证号码。

图 2-36　设置为"文本"格式

这样有一个好处，就是一劳永逸。只需设置一次单元格格式，以后直接输入身份证号码即可。

知识扩展：

如图 2-37 所示，在 Excel 中直接输入 12 位的数字，居然变成了 9.57536E+11，这究竟是为什么？

	A	B
1	快递单号	
2	9.50259E+11	
3	9.57536E+11	
4	9.57536E+11	
5	9.57536E+11	
6		

图 2-37　9.57536E+11

这是科学计数法。超过 11 位的数字，在默认情况下会显示科学计数法，因为金额一般都没有那么多位数。

遇到这种超过 11 位的字符时，可以先输入"'"，再输入一串数字，或者先设置为文本格式，再输入一串数字会更方便。

除了这种，还有就是以 0 开头的数字，也必须先设置为文本格式，否则 0 会自动消失，如图 2-38 所示。

图 2-38　消失的 0

最后一种是分数，也需要先设置为文本格式，否则输入分数后就会出错。例如，输入 3/16，就会变成 3 月 16 日。因为默认情况下，以"/"和"-"作为分隔符的都被当作日期来处理，如图 2-39 所示。

图 2-39　分数变日期

课后练习

　　如图 2-40 所示，如何将网页上的身份证号码复制到 Excel 中？

身份证

卢子

469023199211287937
439023198211287535
445121198709055616

图 2-40　身份证号码

Day13　批量为城市添加省份

扫一扫 看视频

卢子：如图 2-41 所示，这是公司员工户籍情况统计表。木木，如果是你，你怎么输入这些城市呢？

	A	B	C
1	人员	城市	
2	陈小琴	广东潮州	
3	伍占丽	广东潮州	
4	王婵凤	广东潮州	
5	程凤	广东潮州	
6	李永琴	广东汕头	
7	张孟园	广东汕头	
8	王艳萍	广东汕头	
9	叶丽翠	广东汕头	
10	宋蕾	广东广州	
11	宋凤	广东广州	
12	郭燕华	广东中山	
13	王星	广东中山	
14	蔡婧	广东东莞	
15	伍运娥	广东东莞	
16	陈秀红	广东东莞	
17			

图 2-41　公司员工户籍情况统计表

木木：直接输入啊，如广东潮州，难不成还有其他办法？

卢子：直接输入当然可以，但实际上没必要这么做。因为前面两个字都是"广东"，可以通过自定义单元格格式得到。也就是说，只需要输入"潮州"这样的具体城市名称就可以。

　　如图 2-42 所示，选择 B2:B16 区域，利用快捷键 Ctrl+1 弹出"设置单元格格式"对话框。切换到"数字"选项卡，在"分类"列表框中选择"自定义"选项，在"类型"框中输入代码""广东"@"，单击"确定"按钮。

图 2-42　自定义单元格格式

木木：这个代码是什么意思？

卢子：@ 代表所有文本，" 广东 "@ 也就是在所有文本前面添加"广东"两个字。

木木：那什么代表所有数字呢？

卢子：数字用 G/ 通用格式，如果是整数的话可以直接用 0 表示。比如要输入每个人的年龄，就可以用下面的自定义代码：

```
G/ 通用格式 " 岁 "
0" 岁 "
```

如图 2-43 所示，现在只需输入数字，就会自动在后面添加"岁"字。

木木：又学了一招，效率又提高了一点点。

图 2-43　自定义后的输入效果

知识扩展：

省份不统一的情况下，不能直接自定义单元格格式，需要添加一个城市与省份的对应表，如图 2-44 所示。

图 2-44　城市与省份的对应表

在 C2 单元格中输入如下公式，然后双击向下填充公式，效果如图 2-45 所示。

=VLOOKUP(B2,对应表!A:B,2,0)&B2

	A	B	C
1	人员	城市	省份城市
2	陈小琴	马鞍山	安徽马鞍山
3	伍占丽	潮州	广东潮州
4	王婵凤	潮州	广东潮州
5	程凤	常州	江苏常州
6	李永琴	苏州	江苏苏州
7	张孟园	汕头	广东汕头
8	王艳萍	汕头	广东汕头
9	叶丽翠	汕头	广东汕头
10	宋蕾	广州	广东广州
11	宋凤	广州	广东广州
12	郭燕华	中山	广东中山
13	王星	中山	广东中山
14	蔡婧	东莞	广东东莞
15	伍运娥	东莞	广东东莞
16	陈秀红	东莞	广东东莞

图 2-45 不同省份

VLOOKUP 函数语法：

VLOOKUP (查找值，去哪个区域查找，返回这个区域的第几列，精确或者模糊查找)

在函数部分会详细介绍这个函数的用法。

课后练习

输入数字后，自定义单元格格式让其显示 Excel 不加班 N 群，如图 2-46 所示。

	A	B	C
1	1		Excel不加班1群
2	2		Excel不加班2群
3	3		Excel不加班3群
4	4		Excel不加班4群
5	5		Excel不加班5群
6	6		Excel不加班6群
7	7		Excel不加班7群
8	8		Excel不加班8群

图 2-46 Excel 不加班 N 群

Day14 单元格百变"易容术"

扫一扫 看视频

同一个人化妆前与化妆后的差别可以非常大，同样，在 Excel 中也可以对单元格的内容进行"化妆易容"，变得让你都不认识。

将中文日期转变成英文表述，如图 2-47 所示。

将小写金额转变成大写金额，如图 2-48 所示。

图 2-47　转换成英文

图 2-48　将金额转变成大写

如果你不说，谁都不知道右边的内容是由左边变出来的。今天就从头教你如何对单元格进行"易容"。

1. Excel 内置的"易容术"

（1）数字设置（如图 2-49 所示）

① 保留 2 位小数，就是设置单元格格式为"数值"，"小数位数"改成 2，如图 2-50 所示。

图 2-49　数字设置

图 2-50　数值格式

② 会计格式，设置单元格格式为"会计专用"，"小数位数"改成 2，"货币符号"选择￥，如图 2-51 所示。

（2）日期设置（如图 2-52 所示）

图 2-51　会计专用

图 2-52　日期设置

① 效果 1 和效果 2 在日期格式这里都能找到答案，如图 2-53 所示。

② 效果 3 就要用到自定义单元格格式，中文星期几用 aaaa，英文星期几用 dddd，如图 2-54 所示。

图 2-53　日期

图 2-54　英文星期几

2. Excel 个性化"易容术"

其实刚刚的自定义英文星期几就是个性化"易容术"的一种，通过自定义理论上你能想到的显示方式都能实现。

（1）很多时候为了偷懒，书籍名称都只写后面部分，前面部分并没有写。如图 2-55 所示，输入书籍名称时并没有录入前面的"Excel 不加班"，但效果却是完整的。这是怎么做到的？

可以自定义单元格格式为""Excel 不加班 "@"，如图 2-56 所示。

图 2-55　自定义书籍名称效果

图 2-56　自定义书籍名称

文本内容用英文状态下的双引号"""" 引用起来，@ 则代表所有文本内容。

（2）这种属于简单的，还有一种难的，将小写金额转变成大写，如图 2-57 所示。

自定义单元格格式为"[DBNum2] 人民币 0 元"，如图 2-58 所示。

图 2-57　将小写金额转变成大写效果

图 2-58　金额小写转大写

[DBNum2] 代表大写数字，0 代表所有整数。

这个 [DBNum2] 太长了，记不住怎么办呢？

其实懒人自有懒人的办法，这些都不用记住。

将单元格格式设置为"特殊"，在"类型"列表框中选择"中文大写数字"，如图 2-59 所示。

再单击"自定义"格式，就可以看到刚刚设置的格式代码"[DBNum2][$-804]G/ 通用格式"，如图 2-60 所示。

图 2-59　"特殊"格式

图 2-60　自定义大写代码

不用去管这段代码的含义，直接修改，使用"[DBNum2][$-804] 人民 G/ 通用格式元"即可。

（3）在输入"√"与"×"的时候比较麻烦，而输入"1"和"2"非常简单，如图 2-61 所示。

自定义单元格格式为"[=1]" √ ";[=2]"×""，如图 2-62 所示。

图 2-61　自定义"√"与"×"效果

图 2-62　自定义"√"与"×"

课后练习

如图 2-63 所示，自定义数字的 3 种格式，即正数、负数和零。

在 WPS 表格中，提供了设置人民币大写功能，超级方便。将单元格格式设置为"特殊"，在"类型"列表框中选择"人民币大写"，如图 2-64 所示。

	A 员工	B 数量	C 效果
1	员工	数量	效果
2	吴阳	-97	负数
3	赵静	-25	负数
4	吴明群	130	正数
5	陈缙彬	-28	负数
6	李作青	0	零
7	孔盼盼	-88	负数
8	徐海兰	-59	负数
9	赵肖男	-20	负数
10			

 图 2-63 数字的 3 种格式

 图 2-64 人民币大写

Day 15 轻松制作一、二级下拉列表

扫一扫 看视频

木木：前面你教过我一级下拉列表的制作，我已经学会了，但二级下拉列表又是如何制作的呢？比如我现在选择了"西游记"，就有"沙僧""孙悟空""吴承恩"可供选择，其他不相关的不出现，如图 2-65 所示。

	A	B	C	D	E	F	G
1	经典	人物		红楼梦	水浒传	西游记	三国演义
2	红楼梦			曹雪芹	宋江	沙僧	张飞
3				高鹗	施耐庵	孙悟空	刘备
4				贾宝玉	李逵	吴承恩	罗贯中

图 2-65　二级下拉列表

卢子：二级下拉列表其实也不难，我慢慢跟你讲。

Step 01 根据经验，先做一个一级下拉菜单。

选择区域，选择"数据"选项卡单击"数据验证"按钮，打开"数据验证"对话框，在"允许"下拉列表框中选择"序列"选项，"来源"引用"=$D$1:$G$1"，单击"确定"按钮，如图 2-66 所示。

图 2-66　一级下拉列表

Step 02 选择区域，切换到"公式"选项卡，单击"根据所选内容创建"按钮，在弹出的"以选定区域创建名称"对话框中取消勾选"最左列"复选框，单击"确定"按钮，如图 2-67 所示。

图 2-67　根据所选内容创建定义的名称

Step 03 选择区域，切换到"数据"选项卡，单击"数据验证"按钮，打开"数据验证"对话框在"允许"下拉列表框中选择"序列"选项，在"来源"文本框中输入下面的公式，单击"确定"按钮，如图 2-68 所示。这时会弹出一个对话框，直接忽略即可。

图 2-68　设置函数

```
=INDIRECT(A2)
```

经过 3 个小步骤, 就可以进行关联选择, 如图 2-69 所示。

图 2-69　二级下拉列表效果

知识扩展:

　　在制作表格的时候, 还有一种很特殊的下拉列表选择法, 不过不是借助序列这个功能, 而是结合已经输入的内容加快捷键 Alt+↓ 实现的, 如图 2-70 所示。

图 2-70　特殊下拉列表

课后练习

随着时间的推移，经典的书籍会越来越多，如何自动将新增的经典书籍，如《Excel 不加班》，添加到一级下拉列表里（如图 2-71 所示）？

图 2-71　自动更新一级下拉列表

Day16　快速输入特殊符号

扫一扫 看视频

卢子：木木，你在输入"√"或者"×"这些符号的时候是怎么输入的呢？

木木：按住 Alt+ 小键盘上的数字，"√"就是 41420。

卢子：对于一向使用笔记本电脑的我而言，靠这种方法输入非常麻烦，还有就是不容易记住这些数字。如图 2-72 所示，我一般都是借助搜狗拼音输入法来输入这些特殊字符，如输入"dui"就能得到"√"，输入"cuo"就能得到"×"。

图 2-72　搜狗输入法输入特殊字符

使用搜狗拼音输入法，还可以输入平方米（m^2）、立方米（m^3）等，大大减轻了记忆的负担。

木木：这个更好，赞一个！

卢子：搜狗拼音输入法中还有一个"特殊符号"功能，借助这个功能可以输入大多数特殊字符，如图 2-73 所示。

图 2-73 特殊符号

知识扩展：

在 Excel 中输入带框"√"与"×"的新技能：如果数字大于等于 0 就输入带框的"√"，小于 0 就输入带框的"×"。一般情况下很难做到，但只需设置字体为 Wingdings 2，R 就是带框的"√"，Q 就是带框的"×"，效果如图 2-74 所示。这种方法是不是挺不错？

```
=IF(A2>=0,"R","Q")
```

图 2-74 录入带框 √ 与 ×

课后练习

如图 2-75 所示，如何插入 "®" "©" 这两个特殊符号？

图 2-75 特殊符号

Day17 复制粘贴用处多

扫一扫 看视频

 木木：对于复制、粘贴，以前我只会用快捷键 Ctrl+C 和 Ctrl+V，后来无意间看到你写的 Excel 相关书籍，才发现复制粘贴原来并不简单，居然还能 "乾坤大挪移"，太长见识了。

如图 2-76 所示，出差了好几天，准备报销费用，没想到布局没搞好，变成矮矮胖胖的样子，挺难看的。怎么将布局变成瘦瘦长长的？

日期	6-3	6-4	6-5	6-6	6-7	6-8	6-9	6-10	6-11	6-12	合计
餐费	154.9	146	339.5	129	94	207.2	143	204.8	140	260	1818.4
杂费	66.5					27.3					93.8
合计	221.4	146	339.5	129	94	234.5	143	204.8	140	260	1912.2

图 2-76 矮矮胖胖的布局

卢子：利用转置可实现这种效果，有人把这个功能戏称为"乾坤大挪移"。复制数据源，单击任意单元格，右击激活"粘贴选项"功能，单击"转置"按钮，调整列框，如图 2-77 所示。

日期	6-3	6-4	6-5	6-6	6-7	6-8	6-9	6-10	6-11	6-12	合计
餐费	154.9	146	339.5	129	94	207.2	143	204.8	140	260	1818.4
杂费	66.5					27.3					93.8
合计	221.4	146	339.5	129	94	234.5	143	204.8	140	260	1912.2

日期			
6-3			
6-4	146		
6-5	339.5		
6-6	129		129
6-7	94		94
6-8	207.2	27.3	234.5
6-9	143		143
6-10	204.8		204.8
6-11	140		140
6-12	260		260
合计	1818	93.8	1912

图 2-77 转置

选择性粘贴还有很多功能，如粘贴成各式各样的功能，或者执行运算，这个有兴趣的朋友可以试试看。

木木：你怎么说到这里就不说了，还是再好好讲一下其他神奇的粘贴功能吧。

卢子：本来这个知识点我准备点到为止，主要靠你自己动手操作，既然你提到了，我就深入讲一些吧。

知识扩展：

1. 将公式转变成数值

有公式存在的情况下，如果删除了某些数据，公式就会发生错误。而如果转换成数值，就不会出现这种问题。复制内容，单击"粘贴"下拉按钮，在弹出的下拉列表中选择"123"选项，如图 2-78 所示。

2. 粘贴成图片方便排版

将 2 份不同格式的表格放在一起，因为列宽不同又得重新排版，而如果将其中一份变成图片，就没有这种烦恼。复制内容，单击"粘贴"下拉按钮，在弹出的下拉列表中选择"图片"选项，如图 2-79 所示。

图 2-78　粘贴数值

图 2-79　粘贴图片

3. 曾经难住卢子 10 年的行高问题

某些特殊情况下，在进行复制粘贴的时候，会要求复制的行高和列宽保持跟原来一样。

在进行选择性粘贴的时候，只能看到"列宽"功能，"行高"却看不见，如图 2-80 所示。

图 2-80　选择性粘贴中的"列宽"功能

4. 行高在哪儿呢

如果是整个工作表的话，可以将其全选，然后复制粘贴，这样格式就一样了，如图 2-81 所示。

这个功能是无意间从一位高手那里学到的。

图 2-81　全选整个工作表

　　直接选择要保持行高与列宽的整行区域，切记不能选错。粘贴过去的时候选择"保留源列宽"就搞定了，如图 2-82 所示。

✏️ 图 2-82　保留源列宽

最后，人要不断地学习，学无止境！

课后练习

　　如图 2-83 所示，输入数据后，因为有变动，需要将数据全部增加 100，借助粘贴功能如何实现呢？

✏️ 图 2-83　每个数据增加 100

扫一扫 看视频

Day 18　小小列宽学问多多

说到列宽的问题，小小列宽学问多多。

木木：我在设置边框时，有一个单元
格不管怎么设置，就是不显示
出来，如图 2-84 所示。这是怎
么回事呢？

卢子：这是由于列宽太小导致的。

快速调整列宽的 3 种常见方法分别介
绍如下。

图 2-84　边框只显示一半

1. 向右拖动调整列宽

如图 2-85 所示，只需选中 B 列，在标题栏向右拖拉到列宽可以容纳所有内容为止。
现在边框是不是就自动出来了？

图 2-85　调整列宽

2. 双击自动调整列宽

如果有多列内容需要调整列宽，有没有快捷一点的操作方法？

如图 2-86 所示，选择 E:H 四列，双击 H 列标题栏就可以自动调整列宽。

图 2-86　自动调整列宽

3. 设置列宽大小

有的时候还可以通过双击获取最合适的行高。工作中还有这样一种情况，就是行高与列宽为固定值，这时就不能通过这两种方法来调整。如图 2-87 所示，切换到"开始"选项卡，单击"格式"下拉按钮，在弹出的下拉列表中选择"列宽"选项，在弹出的"列宽"对话框中更改列宽大小，单击"确定"按钮。接下来，用同样的方法设置行高。

图 2-87　设置列宽大小

知识扩展：

设置列宽的时候发现一个问题，这些宽度都是以像素为单位，但我们平常都是以 cm 为单位，就如职工的照片宽度是 3cm，如图 2-88 所示。

图 2-88　像素变 cm

如图 2-89 所示，切换到"视图"选项卡，单击"页面布局"按钮，然后选择 A 列，右击，在弹出的快捷菜单中选择"列宽"，在弹出的对话框中设置"列宽"，这时就是以 cm 为单位，将数字改成 3，单击"确定"按钮。接下来，用同样的方法设置行高。

图 2-89　设置 3cm 列宽和行高

课后练习

如图 2-90 所示，怎么将页面布局（有刻度）改成普通布局（没刻度）？

图 2-90 改变布局

 深入了解查找和替换 Day19

扫一扫 看视频

木木：如图 2-91 所示，想问一下，表格中有多个 0，也有 10、20 这样的非零数字，怎样批量去掉零，而又使非零数字保持不变？

	A	B	C	D
1	0	0	0	0
2	0	0	0	0
3	0	0	0	0
4	0	0	0	0
5	0	10	0	0
6	0	0	0	0
7	0	20	30	0
8	101	0	0	0
9	0	15	4	0
10	0	0	0	0
11				

图 2-91 快速将零去除

针对这种问题，我想到的就是直接输入 0 替换，如图 2-92 所示。

✏️ 图 2-92 直接替换

可是没有成功，其他含有 0 的也被替换掉了，如图 2-93 所示。

✏️ 图 2-93 出错

💭 卢子：正确的做法应该是增加一步，勾选"单元格匹配"复选框，这样才能只替换掉 0，
得到正确的结果，如图 2-94 所示。

图 2-94 单元格匹配

知识扩展：

1. 将括号内容去除

按快捷键 Ctrl+H，打开"查找和替换"对话框，在"查找内容"框中输入"(*)"，单击"全部替换"按钮，如图 2-95 所示。

图 2-95 将括号内容去除

2. 替换 * 的事儿

今早发现有部分的"×"写成了"*"，想替换掉。于是查找"*"，替换成"×"，结果却傻眼了——全都成了"×"，如图 2-96 所示。

✎ 图 2-96　错误替换"*"

忽然想起，这个"*"属于通配符，需要加"~"才行，如图 2-97 所示。

✎ 图 2-97　正确替换"*"

课后练习

将大写的 E 替换成小写的 e，如图 2-98 所示。

图 2-98 将大写的 E 替换成小写的 e

Day20 快速选取区域

扫一扫 看视频

 木木：如图 2-99 所示，跟着你每天学习，我将每天的关键点录入到表格中，我现在要对这些内容添加边框，除了用鼠标选择区域外，有没有更快的办法？

图 2-99 选取区域

卢子： 快速选取区域一般都是借助于快捷键实现的。

Step 01 如果要全选表格，单击 A1，按快捷键 Ctrl+A，如图 2-100 所示。

图 2-100 全选

Step 02 如果现在只是要选取 A 列有内容的区域，单击 A1，再按快捷键 Ctrl+ Shift+ ↓，如图 2-101 所示。

图 2-101 快速选择 A 列有内容的区域

Step 03 如果现在有很多列内容，只要选取 A:B 两列有内容的区域，选择 A1:B1，再按快捷键 Ctrl+Shift+ ↓，如图 2-102 所示。

✏️ 图 2-102　快速选择 A:B 列有内容的区域

知识扩展：

　　实际上这个课程是 100 天，设置边框是需要选择 A1:B101 设置的。因为有的内容还没完成，也就是说，截至当前，A 列关键词项下不足 100 天的内容。如果直接使用快捷键是无法实现的，这时名称框就发挥了作用。

　　在名称框中输入 A1:B101，按 Enter 键就能快速选取区域，如图 2-103 所示。

✏️ 图 2-103　快速选取任意区域

课后练习

如图 2-104 所示，在任意单元格如 C8，如何快速返回 A1 这个单元格？

图 2-104　快速返回 A1

Day21　批量录入数据

扫一扫 看视频

木木：对于在同一列输入内容的情况，我可以输入第一个内容，然后下拉或者双击填充，如图 2-105 所示。

	A	B
1	关键词	完成情况
2	day1拒绝合并单元格	√
3	day2名词缩写带来的麻烦	
4	day3统一日期格式	
5	day4数据与单位分离	
6	Day5不使用无意义的空格	
7	Day6保护工作表中的公式不被修改	
8	Day7数据备份以及另存为PDF很重要	
9	Day8序列数字生成大法	
10	Day9你所不知道的日期填充秘密	
11	Day10神奇的快速填充	
12	Day11录入长字符串的技巧	
13	Day12批量为城市添加省份	
14	Day13轻松制作一二级下拉菜单	
15	Day14快速输入特殊符号	
16	Day15复制粘贴比你想象中要强百倍	

图 2-105　同一列输入内容

如果是多行多列的情况下，要输入相同内容该如何做？

卢子：最常用的方法就是用鼠标选取区域，输入第一个内容，按快捷键 Ctrl+Enter，
　　　如图 2-106 所示。

还有一种方法，就是借助名称框。

Step 01 在名称框中输入区域，按 Enter 键，即可选取区域，如图 2-107 所示。

图 2-106　按快捷键 Ctrl+Enter1

图 2-107　选取区域

Step 02 输入第一个内容，按快捷键 Ctrl+Enter，如图 2-108 所示。

图 2-108　按快捷键 Ctrl+Enter2

当区域比较小的时候选择第一种方法，区域比较大的时候选择第二种方法。

知识扩展：

在实际工作中还会出现一种情况，就是在多个表格输入相同的内容。

按住 Shift 键选择第一个表和最后一个表，直接输入内容，就完成所有表格输入相同内容，如图 2-109 所示。

如果不是全部表格，只是其中某些表格，可以按 Ctrl 键选择表格，如图 2-110 所示。

图 2-109　按住 Shift 键选取工作表　　图 2-110　按住 Ctrl 键选取工作表

课后练习

如图 2-111 所示，如何在不连续的单元格中批量输入当天日期？

图 2-111　在不连续区域批量输入当天日期

Day22 工作表编辑技巧

扫一扫 看视频

木木：上一篇提到了工作表的选择，我想起了一个问题。Excel 2013 默认打开后只有 1 张工作表，其他版本默认有 3 张工作表，如图 2-112 所示。

对于很多人来说，1 张工作表显然是不够的，这时可以单击"添加新工作表"按钮，需要几张就单击几次，如图 2-113 所示。

图 2-112 只有 1 张工作表

图 2-113 添加工作表

单击了 2 次分别生成了 Sheet2、Sheet3 这 2 张工作表，如图 2-114 所示。

图 2-114 生成 2 张工作表

对于这种情况，有没有办法设置默认就是 3 张工作表？

卢子：对于经常需要3张表格或者更多表格的人而言，每次这样添加显得非常烦琐，记住 Excel 只有一个原则——将偷懒进行到底！

解决方案其实很简单，依次单击"文件"→"选项"→"常规"命令，在"新建工作簿时"下面的功能，"包含的工作表数"改成 3，单击"确定"按钮，如图 2-115 所示。

图 2-115　包含的工作表数 3 个

这样设置的效果是，以后新建的工作簿都是 3 张工作表，新建工作簿的快捷键为 Ctrl+N。

回过头来看工作表的名称，太普通了——Sheet1、Sheet2、Sheet3……其实我们也可以给工作表起一个和表中内容相对应的名字，右击 Sheet1，单击"重命名"按钮或双击 Sheet1，输入"来料"。用同样的操作将剩下的 2 张表格名字改成"生产""销售"，如图 2-116 所示。

有的时候生成的工作表比较多，这时就可以将多余的工作表删除。右击需要删除的工作表，单击"删除"按钮，如图 2-117 所示。

如果你这个表格不想让别人看见，也可以采用"隐藏"的方式，这样别人就看不见，需要的时候再重新右击工作表，单击"取消隐藏"按钮，工作表即被复原。删除是不可以复原的，隐藏是可以复原的。

图 2-116　工作表重命名

图 2-117　删除工作表

知识扩展：

　　工作表标签不见了，如图 2-118 所示。怎样复原？

图 2-118　工作表标签不见

　　这种情况只是偶尔会出现，但一旦出现就会非常麻烦。因为使用频率非常低，很多有五六年经验的人都找不到。在"Excel 选项"→"高级"选项中，勾选"显示工作表标签"复选框，如图 2-119 所示。

图 2-119　显示工作表标签

课后练习

如图 2-120 所示，如何一次性新建 30 个工作表？

图 2-120　生成 30 个工作表

Day23 使用"自动更正"功能快捷输入长字符串

卢子：日常工作中，经常要输入客户名称，但客户名称都比较长，如图 2-121 所示。木木，如果是你，会怎么输入这些客户名称呢？

扫一扫 看视频

	A	B	C	D
1	区域	省份	客户名称	
2	西南区	四川	成都市同兴达包装印务有限公司	
3	华中区	四川	四川通安达印务有限公司	
4	西南区	四川		
5	西南区	四川		
6	西南区	四川		
7	西南区	四川		
8	西南区	四川		
9	西南区	四川		
10	华北区	四川		
11	西南区	四川		
12	西南区	四川		
13	西北区	四川		
14	西南区	重庆		
15	西南区	重庆		
16				

图 2-121　客户名称都是长字符串

木木：前面你已经教过我用数据验证——序列，可以用这种方法来做。

卢子：当客户名称的数量不超过 5 个的时候，用序列是最好的选择，但当数量比较多时，在做下拉选择的时候，你还要去找很久，反而更慢。

木木：下拉总比输入要快，除了这个还有更好的方法吗？

卢子：如果需要经常输入客户名称，可以使用自动更正功能来实现。

Step 01 如图 2-122 所示，选择"文件"→"选项"命令；在弹出的"Excel 选项"对话框中选择"校对"选项卡，单击"自动更正选项"按钮；在弹出的"替换"

文本框中输入客户名称的首字母，在"为"文本框中输入客户的全称，然后单击"确定"按钮。

图 2-122　自动更正操作

Step 02 如图 2-123 所示，在单元格中输入"TXD"，按 Enter 键就变成了"成都市同兴达包装印务有限公司"，非常方便。

图 2-123　输入首字母即可生成长字符串

木木：输入首字母就完成了长字符串的输入，比一个个下拉选择更快，不错。

卢子：但自动更正也会有后遗症，以后输入自动更正的字母如"TXD"，就会显示默认设置的名称。因此，当完成客户名称输入后，应取消勾选"键入时自动替换"复选框，如图 2-124 所示。

图 2-124　取消勾选"键入时自动替换"复选框

知识扩展：

自动更正虽然可以实现快速输入长字符串，但是并不完美。其实用函数会更好，没有后遗症，操作上更简单。

如图 2-125 所示，事先输入简写与全称的对应表，然后输入简写，用 VLOOKUP 函数来查询。VLOOKUP 函数的详细用法参见后面章节。

图 2-125　用公式引用

课后练习

想一想，对于长字符串还有什么快捷的输入方法？

第3章

强烈推荐使用的 Excel 2016 神技

Excel 2016 的操作界面与 Excel 2013 几乎相同，不过新增了几个超级好用的功能，在这里特别说明一下。学好了，真的可以事半功倍！

扫一扫 看视频

Day24 拯救未保存文档居然如此简单

计算机突然死机，表格还没来得及保存，怎么办？
是不是有种欲哭无泪的感觉？
其实借助 Excel 2016 的一个实用神技就能轻松恢复未保存的文件。

Step 01 打开工作簿，单击"文件"菜单项，如图 3-1 所示。

图 3-1　单击"文件"菜单项

Step 02 如图 3-2 所示，选择"信息"→"管理工作簿"→"恢复未保存的工作簿"命令。

图 3-2　选择"恢复未保存的工作簿"命令

Step 03 如图 3-3 所示，在 UnsavedFlies 文件夹内存放了所有没保存的表格，选择要保存的表格，单击"打开"下拉按钮，在弹出的下拉列表中选择"打开并修复"选项。

图 3-3　打开并修复未保存的工作簿

Step 04 如图 3-4 所示，在弹出的警告对话框中单击"修复"按钮。

图 3-4　修复

这样就能恢复没有保存的工作簿，省去一大堆麻烦事。太贴心的功能，赞一个！

知识扩展：

　　平时养成随手保存的习惯，轻松一按快捷键 Ctrl+S，烦恼全无。另外在"Excel 选项"对话框的"保存"选项卡中，将"保存自动恢复信息时间间隔"的分钟数调小一点，如图 3-5 所示。

图 3-5　保存自动恢复信息时间间隔

课后练习

"保存"的快捷键是 Ctrl+S，"另存为"的快捷键你知道吗？

Day25　轻松逆透视，数据巧转置

扫一扫 看视频

　　有时出于记录数据方便的考虑，将表格做成如图 3-6 所示左边的形式，但后期处理分析难度很大，如何转换成右边的形式呢？

图 3-6　数据拆分转置

实现这样的转换有多种技巧，下面以 Excel 2016 为例，讲一下具体的操作方法。

Step 01　如图 3-7 所示，单击数据区域任意单元格，切换到"数据"选项卡，然后单击"自表格 / 区域"按钮，在弹出的"创建表"对话框中单击"确定"按钮。

图 3-7　自表格 / 区域

Step 02 这样 Excel 就会自动将数据区域转换为"表"，并打开"查询编辑器"界面。

如图 3-8 所示，单击人员所在列的列标，切换到"转换"选项卡，单击"拆分列"下拉按钮，在弹出的下拉列表中选择"按分隔符"选项。

图 3-8　按分隔符拆分列

Step 03 如图 3-9 所示，打开"按分隔符拆分列"对话框，在"选择或输入分隔符"框中输入"空格"，单击"确定"按钮。

需要特别说明一点，这里使用分列和在工作表中使用分列有所不同。

如果需要分列的右侧列中还有其他的内容，会自动扩展插入新的列，右侧已有数据列自动后延。而在工作表中使用分列，右侧有数据时则会被覆盖掉。

图 3-9　按空格拆分

Step 04 如图 3-10 所示，按住 Ctrl 键不放，依次选中人员的几个列，在"转换"选项
卡中打开"逆透视列"下拉列表，从中选择"逆透视列"选项。

图 3-10　逆透视列

Step 05 如图 3-11 所示，右击"属性"列的列标，在弹出的快捷菜单中选择"删除"
命令。

图 3-11　删除"属性"列

Step 06 如图 3-12 所示，切换到"开始"选项卡，单击"关闭并上载"按钮。这样就转换完毕了，效果如图 3-13 所示。

图 3-12 单击"关闭并上载"按钮　　　　　图 3-13 转换后的效果

这个功能是不是很实用？其他版本想要实现这种效果，要用到超级复杂的公式，或者 VBA，又或者大量的基础操作，但 Excel 2016 有了这个新功能，处理数据变得更加简单了。

知识扩展：

　　下面通过分列＋多重合并计算数据区域＋双击生成明细表＋筛选＋删除行列等操作来说明低版本的无奈。

Step 01 选择单元格区域 B2:B16，切换到"数据"选项卡，单击"分列"按钮，在弹出的"文本分列向导"对话框中保持默认设置不变，单击"下一步"按钮，如图 3-14 所示。

Step 02 在弹出的对话框中勾选"空格"复选框，单击"完成"按钮，如图 3-15 所示。

图 3-14　分列

图 3-15　按空格分列

Step 03 这样就按空格将人员拆分到多个单元格中，一个单元格只存放一个人员，如图 3-16 所示。

图 3-16 按空格分列效果

Step 04 先按快捷键 Alt+D，再按 P 键，如图 3-17 所示。

图 3-17 使用快捷键

Step 05 弹出"数据透视表和数据透视图向导"对话框，选中"多重合并计算数据区域"单选按钮，单击"下一步"按钮，如图 3-18 所示。

图 3-18　多重合并计算数据区域

Step 06 用鼠标选定区域，单击"下一步"按钮，如图 3-19 所示。

图 3-19　选择区域

Step 07 将"数据透视表显示位置"设置为"新工作表"，单击"完成"按钮，如图 3-20 所示。

图 3-20 新工作表

Step 08 双击数据透视表两个"总计"的交叉数字，如图 3-21 所示。

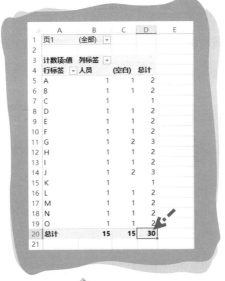

图 3-21 双击

这样就实现了初步的转换，如图 3-22 所示。

Step 09　删除多余的列，如图 3-23 所示。

图 3-22　生成明细表

图 3-23　删除多余的列

Step 10　筛选空白，单击"确定"按钮，如图 3-24所示。

Step 11　选择空白区域，右击，在弹出的快捷菜单中选择"删除行"命令，如图 3-25 所示。

图 3-24　筛选空白

图 3-25　删除行

Step 12 切换到"数据"选项卡，单击"清除"按钮，如图 3-26 所示。

图 3-26　清除

如图 3-27 所示，经过了复杂的 12 个步骤终于完成了转换。如果不是各种操作非常熟练，恐怕很难做到，所以还是 Excel 2016 功能更强大。

图 3-27　最终效果

课后练习

如图 3-28 所示，如何将表格形式的内容转换成区域？也就是单击单元格内容的时候不会出现"表格工具"。

图 3-28　转换为区域

Day26　二维表格转换成一维表格原来如此简单

二维表格在后期处理数据的时候没有一维表格方便，那么如何将二维表格转换成一维表格（如图 3-29 所示）？

扫一扫 看视频

图 3-29　二维表格转换成一维表格

在 Excel 2016 推出之前，都是通过先创建一个多重合并计算区域的数据透视表，然后双击数据透视表的汇总项来实现的。

有了 Excel 2016，这种方法就要成为历史了。

Step 01 如图 3-30 所示，单击数据区域任意单元格，切换到"数据"选项卡，然后单击"从表格"按钮，在弹出的"创建表"对话框中单击"确定"按钮。

图 3-30 从表格

Step 02 这样 Excel 就会自动将数据区域转换为"表"，并打开"查询编辑器"界面。

如图 3-31 所示，单击班级任意单元格，切换到"转换"选项卡，打开"逆透视列"下拉列表，选择"逆透视其他列"选项。

图 3-31 逆透视其他列

Step 03 如图 3-32 所示，切换到"开始"选项卡，单击"关闭并上载"按钮。这样就转换成功了，效果如图 3-33 所示。

图 3-32　关闭并上载

图 3-33　转换后效果

知识扩展：

　　上一个案例讲解了可以通过多重合并计算数据区域来实现，但是其快捷键——先按 Alt+D，再按 P 比较特殊，不少人按不好，如果能够直接调用这个功能会更便捷。

　　"数据透视表和数据透视图向导"是一个超级好用的功能。打开"Excel 选项"对话框，在"从下列位置选择命令"下拉列表框中选择"不在功能区中的命令"，在下拉列表框中选择"数据透视表和数据透视图向导"，单击"添加"按钮，然后单击"确定"按钮，即可完成"数据透视表和数据透视图向导"功能的添加，如图 3-34 所示。

图 3-34　添加"数据透视表和数据透视图向导"

添加完成后, 在快速访问工具栏中即可看到。单击"数据透视表和数据透视图向导"按钮, 接下来的操作与上一节内容一样, 如图 3-35 所示。

图 3-35　快速访问工具栏

课后练习

如图 3-36 所示，"开发工具"也是一个使用频率很高的功能，该如何添加进去呢？

图 3-36　开发工具

Day27　告别复制粘贴，轻松玩转多工作表合并

年中了，老板让你将 1—6 月份的所有数据合并在一起，然后提交，如图 3-37 所示。

扫一扫 看视频

图 3-37　合并表格

正常的操作是这样的：

打开"1月"，复制，打开汇总表粘贴；

再打开"2月"，复制，打开汇总表粘贴；

......

还好现在只有 6 张表，如果是 60 张呢？你是不是很想哭？

复制到手酸不说，而且很容易出错。当然，如果会 VBA 或者 SQL 也可以实现，不过这个实在太难了。

现在好了，有了 Excel 2016，让你轻松搞定多表合并的问题。

Step 01 切换到"数据"选项卡，依次选择"新建查询"→"从文件"→"从工作簿"命令，如图 3-38 所示。

图 3-38 选择"从工作簿"命令

Step 02 浏览到指定的工作簿，单击"导入"按钮，如图 3-39 所示。

图 3-39 导入工作表

Step 03 勾选"选择多项"复选框，同时勾选 1—6 月复选框，单击"编辑"按钮，如图 3-40 所示。

图 3-40　选择多项

Step 04 单击"追加查询"按钮，如图 3-41 所示。

图 3-41　追加查询

Step 05 选中"三个或更多表"单选按钮，按住 Ctrl 键选择 2—6 月，单击"添加"按钮，再单击"确定"按钮，如图 3-42 所示。

图 3-42　追加三个或更多表

这样就将 1—6 月份的表格合并在一个表格中，如图 3-43 所示。

图 3-43　所有表格已经合并

Step 06 单击"关闭并上载"下拉按钮，在弹出的下拉列表中选择"关闭并上载"，
如图 3-44 所示。

最终效果如图 3-45 所示。

图 3-44　关闭并上载

图 3-45　最终效果

知识扩展：

　　这个功能很强大，但是更强大的功能还在后面。实际工作中会经常增加表格，上半年是 6 张表，以后还会每个月增加 1 张表，而新增的表格要智能地合并进去。

　　同样是这个功能，只是步骤略有差异，但效果却是非常棒！

Step 01　切换到"数据"选项卡，单击"新建查询"下拉按钮，在弹出的下拉列表中选择"从文件"→"从工作簿"选项，如图 3-46 所示。

图 3-46　从工作簿

Step 02　浏览到指定的工作簿，单击"导入"按钮，如图 3-47 所示。

图 3-47　导入工作簿

Step 03 单击"多表汇总 .xlsx[6]"（就是代表这个工作簿有 6 个工作表），再单击"编辑"按钮，如图 3-48 所示。

这时会出现很多列内容，而只有一列是我们所需要的，就是 Data，即要查询的详细数据，如图 3-49 所示。

图 3-48　选择多表汇总

图 3-49　查询中的详细数据

Step 04 选择 Data 这一列，右击，然后选择"删除其他列"命令，如图 3-50 所示。

图 3-50　删除其他列

Step 05 选中"扩展"单选按钮，再单击"确定"按钮，如图 3-51 所示。

图 3-51　扩展

展开后，就可以看到所有表格的数据，如图 3-52 所示。

图 3-52　展开后

Step 06　单击"将第一行用作标题"按钮，如图 3-53 所示。

图 3-53　将第一行用作标题

合并的时候会将所有表格的标题也复制过来，而我们只需要一个，如图 3-54 所示。

图 3-54　多余标题

Step 07 单击"销售量"的筛选按钮，取消勾选"销售量"复选框，单击"确定"按钮，如图 3-55 所示。

图 3-55 筛选

Step 08 单击"关闭并上载"下拉按钮，在下拉列表中选择"关闭并上载"选项，如图 3-56 所示。这样就将所有表格合并在一张新表格中，如图 3-57 所示。

图 3-56 关闭并上载

图 3-57 合并后效果

Step 09 现在新增 7 月份的数据，如图 3-58 所示。

Step 10 右击，选择"刷新"命令，如图 3-59 所示。

图 3-58 新增 7 月份数据

图 3-59 刷新

这样即可智能更新 7 月份的数据到合并表，如图 3-60 所示。

一劳永逸，以后再也不用担心多表合并了。

图 3-60　智能更新

课后练习

如图 3-61 所示，对筛选的商品销售量进行汇总。

图 3-61　筛选汇总

 Day28　一招轻松搞定多工作簿合并

扫一扫 看视频

我们知道多工作表合并很厉害，其实还可以进行多工作簿合并。

在多工作簿汇总文件夹中有多个工作簿，现在不仅要进行合并，而且还要能够自动更新数据。

Step 01　切换到"数据"选项卡,单击"新建查询"下拉按钮,在弹出的下拉列表中选择"从文件"→"从文件夹"选项,如图 3-62 所示。

图 3-62　从文件夹

Step 02　浏览到指定的文件夹,单击"确定"按钮,如图 3-63 所示。

图 3-63　浏览到文件夹

Step 03　单击"编辑"按钮,如图 3-64 所示。

图 3-64　编辑

Step 04　切换到"添加列"选项卡，单击"自定义列"按钮，如图 3-65 所示。

图 3-65　自定义列

Step 05　输入自定义列公式（注意，输入的大小写字符需要与下方公式中的大小写完全一致），再单击"确定"按钮，如图 3-66 所示。

```
=Excel.Workbook([Content])
```

这个公式的意思就是将文件夹中的全部 Excel 工作簿放入编辑器中。

将第 2 个参数写成 true，即代表有标题，这样就可以省略 Step 09 和 Step 10 这两个步骤，如图 3-67 所示。

```
=Excel.Workbook([Content],true)
```

图 3-66　写上第 2 个参数

Step 06 单击自定义列旁边的"扩展"按钮，再单击"确定"按钮，如图 3-68 所示。

图 3-67 输入公式

图 3-68 扩展 1

Step 07 单击自定义列旁边的"扩展"按钮，再单击"确定"按钮，如图 3-69 所示。

Step 08 这时会出现很多列内容，选择我们需要的列，右击，选择"删除其他列"命令，如图 3-70 所示。

图 3-69 扩展 2

图 3-70 删除其他列

Step 09 单击"将第一行用作标题"按钮，如图 3-71 所示。

Step 10 单击"不良数"的筛选按钮，取消勾选"不良数"复选框，单击"确定"按钮，如图 3-72 所示。

图 3-71　将第一行用作标题

图 3-72　筛选

Step 11 选择"日期"这一列，单击"数据类型"右侧的下拉按钮，选择"日期"，如图 3-73
所示。

图 3-73　设置数据类型为"日期"

Step 12 单击"关闭并上载"下拉按钮，在弹出的下拉列表中选择"关闭并上载"选项，
如图 3-74 所示。

这样就将所有工作簿的内容合并起来了，如图 3-75 所示。

图 3-74　关闭并上载

图 3-75　多工作簿合并效果

知识扩展：

现在新增了"卢子"工作簿，如图 3-76 所示。

图 3-76　新增工作簿

右击单元格，选择"刷新"命令，如图 3-77 所示。
这样就将新增的内容合并起来了，如图 3-78 所示。

图 3-77　刷新

图 3-78　智能更新

课后练习

如图 3-79 所示，有的时候数据并不是存储在 .xlsx 格式的工作簿中，而是存储在 .txt 格式的"记事本"文件中，对于这种文件如何合并起来？

图 3-79　多个"记事本"文件合并

合并过来后，A 列保留原"记事本"文件的名称，如图 3-80 所示。

Source.Name	日期	序号	人员	出货数	检查数	不良数
升序(S)		49416	5	60	32	0
降序(O)		49751	5	120	32	0
按颜色排序(T)		49781	5	100	32	0
		49791	5	100	32	0
从"Source.Name"中清除筛选(C)		49711	5	140	32	0
按颜色筛选(I)		47971	5	120	32	0
文本筛选(F)		49321	5	120	32	0
搜索		49306	5	200	32	0
☑(全选)		94118	5	200	32	0
☑MAX.txt		49491	5	120	32	0
☑RUD.txt		S4835003	5	60	32	0
☑小天使.txt		49476	3	120	32	0
		49471	3	120	32	0

图 3-80　合并后效果

第4章

让他人 5 秒钟看懂你的表格

数据录入速度提高了，接下来就是对一些数据进行强调显示，达到重点突出、视觉美化的效果。我们做表格更多的时候是呈现给他人看的，要让他人第一时间就能看懂。如果 5 秒钟内看不懂你的表格，那你就得好好反省！

Day29 只需两招让你的表格瞬间变得美观

? 木木：如图 4-1 所示，这是我做的表格，感觉好难看啊，如何将表格做得美观一点？

	A	B	C	D	E	F	G	H
1								
2	日期	地区	销售部门	销售员代码	商品	数量	单价	金额
147	2017-4-25	香港	一部	A00005	笔记本	16	22	352
148	2017-4-25	广州	二部	A00006	订书机	28	12	336
149	2017-4-25	深圳	三部	A00001	铅笔	64	6	384
150	2017-4-26	深圳	二部	A00002	订书机	15	12	180
151	2017-4-26	广州	一部	A00003	钢笔	96	32	3072
152	2017-4-27	香港	四部	A00006	钢笔	67	32	2144
153	2017-4-28	深圳	一部	A00006	笔记本	74	22	1628
154	2017-4-30	广州	三部	A00004	订书机	46	12	552
155	2017-4-30	广州	二部	A00005	铅笔	87	6	522
156	汇总							144365

✏ 图 4-1 原始表

卢子：什么叫美观？

（1）隔行填充，数据直观；

（2）动态汇总，无须烦恼；

（3）智能筛选，快捷方便。

现在对你这张表进行剖析。

最后一行，用公式进行汇总：

```
=SUM(H3:H155)
```

很多人，包括卢子在内，会经常使用这个公式。使用这个公式，可以让表格实现智能统计，值得夸两句！但是，对于数据源经常变动的情况，出错在所难免。

如图 4-2 所示，现在 5 月份增加了 10 条记录，要放在总表中。

	A	B	C	D	E	F	G	H
1	日期	地区	销售部门	销售员代码	商品	数量	单价	金额
2	2017-5-1	广州	二部	A00004	钢笔	2	32	64
3	2017-5-2	香港	一部	A00005	笔记本	16	22	352
4	2017-5-3	广州	二部	A00006	订书机	28	12	336
5	2017-5-4	深圳	三部	A00001	铅笔	64	6	384
6	2017-5-5	深圳	二部	A00002	订书机	15	12	180
7	2017-5-6	广州	一部	A00003	钢笔	96	32	3072
8	2017-5-7	香港	四部	A00004	钢笔	67	32	2144
9	2017-5-8	深圳	一部	A00006	笔记本	74	22	1628
10	2017-5-9	广州	三部	A00004	订书机	46	12	552
11	2017-5-10	广州	二部	A00005	铅笔	87	6	522

图 4-2　增加的数据

如图 4-3 所示，粘贴过来，发现总金额没有更新。

日期	地区	销售部门	销售员代码	商品	数量	单价	金额
2017-4-28	深圳	一部	A00006	笔记本	74	22	1628
2017-4-30	广州	三部	A00004	订书机	46	12	552
2017-4-30	广州	二部	A00005	铅笔	87	6	522
2017-5-1	广州	二部	A00004	钢笔	2	32	64
2017-5-2	香港	一部	A00005	笔记本	16	22	352
2017-5-3	广州	二部	A00006	订书机	28	12	336
2017-5-4	深圳	三部	A00001	铅笔	64	6	384
2017-5-5	深圳	二部	A00002	订书机	15	12	180
2017-5-6	广州	一部	A00003	钢笔	96	32	3072
2017-5-7	香港	四部	A00004	钢笔	67	32	2144
2017-5-8	深圳	一部	A00006	笔记本	74	22	1628
2017-5-9	广州	三部	A00004	订书机	46	12	552
2017-5-10	广州	二部	A00005	铅笔	87	6	522
汇总							144365

图 4-3　粘贴后金额没有更新

现在我们将新增的汇总与粘贴过来的数据全部删除，重新来过，手把手教你做表。

1. 表格

表格，人称超级表，功能实在是太强大了。

如图 4-4 所示，选择表格所在区域的任一单元格，比如 A2，单击"插入"选项卡"表格"组中的"表格"按钮，在弹出的对话框中确认已经勾选了"表包含标题"复选框，然后单击"确定"按钮。如果快捷键熟练，也可以直接按 Ctrl+T 快捷键。瞬间就实现了隔行填充颜色。

图 4-4　插入表格

其实插入表格就相当于给表格穿一件衣服，每个人的喜好都不同，你喜欢蓝色，别人可能喜欢粉色。如果不喜欢这套衣服的颜色，那就换一种颜色。在"设计"选项卡中，可以选择你喜欢的样式，如图 4-5 所示。

图 4-5　更换表格样式

接下来就看看如何动态求和。

如图 4-6 所示，在"设计"选项卡中勾选"汇总行"复选框，表格就会自动帮你汇总。

图 4-6　自动汇总

　　如图 4-7 所示，复制新增的内容，选择 A156:H156 区域，单击"插入"下拉按钮，在弹出的下拉列表中选择"插入复制的单元格"选项。

图 4-7　插入复制的单元格

如图 4-8 所示，神奇的一幕发生了，总金额自动更新了！

日期	地区	销售部门	销售员代码	商品	数量	单价	金额
155	2017-4-30 广州	二部	A00005	铅笔	87	6	522
156	2017-5-1 广州	二部	A00004	钢笔	2	32	64
157	2017-5-2 香港	一部	A00005	笔记本	16	22	352
158	2017-5-3 广州	二部	A00006	订书机	28	12	336
159	2017-5-4 深圳	三部	A00001	铅笔	64	6	384
160	2017-5-5 深圳	二部	A00002	订书机	15	12	180
161	2017-5-6 广州	一部	A00003	钢笔	96	32	3072
162	2017-5-7 香港	四部	A00004	钢笔	67	32	2144
163	2017-5-8 深圳	一部	A00006	笔记本	74	22	1628
164	2017-5-9 广州	三部	A00004	订书机	46	12	552
165	2017-5-10 广州	二部	A00005	铅笔	87	6	522
166	汇总						153599

图 4-8　自动更新

更神奇的还在后面，不要着急，慢慢看。

2. 插入切片器

以前，进行筛选时都是直接单击"筛选"按钮，不过这种做法有点落伍了。现在插入切片器，选择"地区"和"商品"两个条件进行筛选，如图 4-9 所示。

图 4-9　插入切片器

直接插入后效果如图 4-10 所示。

图 4-10　切片器效果

现在对这个切片器进行各种调整，设置列、高度和宽度，效果如图 4-11 所示。

图 4-11　设置切片器

再对另一个进行同样的设置，最终效果如图 4-12 所示。

图 4-12　设置后效果

现在要统计某个地区的商品金额，只需单击一下切片器的内容即可，如图 4-13 所示。

图 4-13　切片器筛选效果

知识扩展：

正常情况下，直接单击切片器只能选择一个内容。如果要对多个内容进行筛选，可以按住 Ctrl 键进行选择，如图 4-14 所示。

图 4-14　选择多项

如果对切片器的样式不满意，也可以重新进行设置，如图 4-15 所示。

图 4-15 设置切片器样式

课后练习

如图 4-16 所示，对表格和切片器重新设置样式，筛选广州和深圳笔记本的明细。

图 4-16 筛选广州和深圳笔记本

Day30

日程表让日期展示更抢眼

扫一扫 看视频

木木：如图 4-17 所示，这是我用数据透视表汇总出来的表格。

如图 4-18 所示，这种表格如果要选择某一段时间非常费劲，有没有更便捷的方法？

卢子：对于这种表格，别说是他人，就是我们自己看着头都大。

如图 4-19 所示，一般可以按日期进行各种筛选。

日期	广州	杭州	南京	上海	深圳	武汉	总计
2014-1-1		26					26
2014-1-2		23					23
2014-1-3				20			20
2014-1-4				28			28
2014-1-5		48					48
2014-1-6		45					45
2014-1-7	25						25
2014-1-8						44	44
2014-1-9						27	27
2014-1-10					18		18
2014-1-11					25		25
2014-1-12				35			35

图 4-17　数据透视表汇总

图 4-18　筛选

图 4-19　日期筛选

我们知道切片器非常直观，其实还有一个功能类似于切片器，那就是日程表。日程表这个功能必须结合数据透视表才能使用，不能单独使用。

Step 01　单击数据透视表任意单元格，切换到"分析"选项卡，单击"插入日程表"按钮，如图 4-20 所示。

图 4-20　插入日程表

Step 02　在弹出的"插入日程表"对话框中勾选"日期"复选框，单击"确定"按钮，如图 4-21 所示。

图 4-21　勾选"日期"复选框

Step 03　设置日程表样式与数据透视表颜色统一，如图 4-22 所示。

图 4-22　设置日程表样式

如果要选择 6 月，直接单击即可，如图 4-23 所示。

图 4-23　按月份筛选

如果要选择 6—7 月，直接用鼠标拖动即可，如图 4-24 所示。

图 4-24　选择多个月

日程表不仅可以按月筛选，还可以按年、季度和日进行筛选，非常方便，如图 4-25 所示。

图 4-25 切换筛选条件

知识扩展：

如果要按年和季度两个条件进行筛选，一个日程表就不够用了。这时就可以选择日程表，复制粘贴变成 2 个日程表，如图 4-26 所示。

图 4-26 复制粘贴

将第 2 个日程表的筛选条件改成季度，单击第 3 季度，就实现了按年和季度 2 个条件进行筛选，如图 4-27 所示。

图 4-27　筛选 2015 年第 3 季度

课后练习

如图 4-28 所示，筛选 2015 年 3—6 月的数据。

图 4-28　筛选 2015 年 3—6 月的数据

Day31 **懂你心思的快速分析**

扫一扫 看视频

卢子：木木，这里有一份学生的成绩表，如图 4-29 所示，如果让你把成绩大于 85 分的用颜色标示出来，你是怎么操作的？

木木：用眼睛看，如果大于 85 分的，我就用填充色标示出来。

卢子：如果只有几个人的话，可以这样做，但如果有几百人甚至更多，这种方法显然是不可取的。

Step 01 如图 4-30 所示，选择区域 B2:B16，单击"快速分析"工具。

	A	B	C
1	姓名	成绩	
2	陈小琴	54	
3	伍占丽	58	
4	王婵凤	79	
5	程凤	67	
6	李永琴	71	
7	张孟园	86	
8	王艳萍	53	
9	叶丽翠	64	
10	宋蕾	56	
11	宋凤	84	
12	郭燕华	56	
13	王星	78	
14	蔡婧	90	
15	伍运娥	72	
16	陈秀红	79	
17			

✏️ 图 4-29　学生成绩表

	A	B	C	D
1	姓名	成绩		
2	陈小琴	54		
3	伍占丽	58		
4	王婵凤	79		
5	程凤	67		
6	李永琴	71		
7	张孟园	86		
8	王艳萍	53		
9	叶丽翠	64		
10	宋蕾	56		
11	宋凤	84		
12	郭燕华	56		
13	王星	78		
14	蔡婧	90		
15	伍运娥	72		
16	陈秀红	79		
17				
18				
19				
20				
21				

快速分析(Ctrl+Q)
使用快速分析工具可通过一些最有用的 Excel 工具（例如，图表、颜色代码和公式）快速、方便地分析数据。

✏️ 图 4-30　快速分析

Step 02 如图 4-31 所示，将鼠标指针放在"大于"按钮上，就会标示颜色，但默认的效果明显不是我们所需要的。

図 4-31　设置快速分析

Step 03　如图 4-32 所示，在 "为大于以下值的单元格设置格式" 框内输入 85，单击 "确定" 按钮。

図 4-32　为大于 85 的单元格设置颜色

假如现在要按其他条件进行颜色设置，则需要先单击"清除格式"按钮，如图 4-33 所示。

图 4-33　清除格式

如果需要前 10%，就单击"前 10%"按钮，如图 4-34 所示。

图 4-34　前 10%

知识扩展：

Step 01　如图 4-35 所示，选择区域 B2:B16，单击"条件格式"下拉按钮，在弹出的下拉列表中选择"突出显示单元格规则"→"大于"选项。

图 4-35　设置条件格式

Step 02　在"为大于以下值的单元格设置格式"框内输入 85，单击"确定"按钮，如图 4-36 所示。

图 4-36　为大于 85 的单元格设置颜色

"快速分析"与"条件格式"其实差不多，只是更加方便而已。

课后练习

如图 4-37 所示，将成绩小于 60 分的，设置红色填充色。

图 4-37　将不及格的标示为红色填充色

Day32 **快速标记前 5 名的成绩**

扫一扫 看视频

木木： 如图 4-38 所示，虽然快速分析好用，但这里只提供了前 10%。如要将成绩是前 5 名的标示出来，怎么做？

图 4-38　成绩在前 10% 的学生

卢子：可以借助"条件格式"来完成。因为前面已经设置了条件格式，为了不相互影响，先清除规则，再处理。

Step 01　如图 4-39 所示，选择区域 B2:B16，单击"条件格式"下拉按钮，选择"清除规则"→"清除所选单元格的规则"选项。

图 4-39　清除所选单元格的规则

Step 02　如图 4-40 所示，选择区域 B2:B16，单击"条件格式"下拉按钮，选择"项目选取规则"→"前 10 项"选项。

图 4-40　前 10 项

Step 03　如图 4-41 所示，在"为值最大的那些单元格设置格式"栏下左侧数值框中输入 5,单击"确定"按钮。

木木："条件格式"的功能好多啊，卢子，你再讲几个吧。

图 4-41　设置前 5 项

知识扩展:

最好的与最坏的往往给人的印象最深刻，现在要将成绩最差的 5 个人也用填充色标示出来。

如图 4-42 所示，选择区域 B2:B16，单击"条件格式"下拉按钮，选择"项目选取规则"→"最后 10 项"选项。

图 4-42　最后 10 项

如图 4-43 所示，在"为值最小的那些单元格设置格式"栏下左侧数值框中输入 5，单击"确定"按钮。现在最好的 5 名与最坏的 5 名都用颜色填充了。

同理，刚刚的前 10% 如果要改成 5% 也可以。

如图 4-44 所示，选择区域 B2:B16，单击"条件格式"下拉按钮，选择"项目选取规则"→"前 10%"选项。

图 4-43　设置后 5 项

图 4-44　选择"前 10%"

如图 4-45 所示，在"为值最大的那些单元格设置格式"栏下左侧数值框中输入 5，单击"确定"按钮。

图 4-45　设置前 5%

课后练习

如图4-46所示，将低于平均值的成绩设置为绿色填充色。

图 4-46　为低于平均值的成绩设置填充色

 Day33

1秒标示重复的姓名

扫一扫 看视频

卢子：木木，如图 4-47 所示，现在如果让你把重复的姓名标示出来，你会操作吗？

图 4-47　姓名表

木木：如图 4-48 所示，选择区域 A2:A16，单击"快速分析"→"重复的值"按钮，瞬间完成，非常简单。

姓名属于文本，选择的时候有重复的值这个功能，如果是数值，就不会出现重复的值功能。对于文本和数值，快速分析的效果是不一样，如图 4-49 所示。

图 4-48　重复的值

图 4-49　数值的快速分析

知识扩展：

　　快速分析系列功能实在是太好用了，如果想标示唯一值，就单击"唯一值"按钮，非常简单方便。低版本要借助条件格式中的"仅对唯一值或重复值设置格式"来实现。

Step 01　如图 4-50 所示，选择区域 A2:A16，单击"条件格式"下拉按钮，选择"新建规则"选项。

Step 02　如图 4-51 所示，选择"仅对唯一值或重复值设置格式"选项，再单击"格式"按钮。

图 4-50 新建规则

图 4-51 仅对唯一值或重复值设置格式

Step 03 如图 4-52 所示，弹出 "设置单元格格式" 对话框，切换到"填充" 选项卡，选择红色填 充色，单击"确定" 按钮。

图 4-52 设置填充色

Step 04 如图 4-53 所示，单击"确定"按钮，效果就出来了。

图 4-53 标示重复值效果

课后练习

如图 4-54 所示，对比两列的姓名，将同一行姓名不一样的用填充色标示出来。

图 4-54 标示同一行姓名不一样的

借助公式将语文成绩高于数学成绩的标示出来

扫一扫 看视频

卢子：前面说的这些都是直接设置，如图 4-55 所示，现在要将语文成绩高于数学成绩的标示出来，直接设置找不到这个功能，这时就得设置公式了。设置公式非常灵活，可以实现各种各样的效果。

Step 01　如图 4-56 所示，选择区域 A2:C14，单击"条件格式"下拉按钮，选择"新建规则"选项。

▲	A	B	C	D
1	姓名	语文	数学	
2	陈小琴	80	54	
3	伍占丽	61	49	
4	王婵凤	93	49	
5	程凤	93	40	
6	李永琴	78	78	
7	张孟园	92	70	
8	王艳萍	96	87	
9	叶丽翠	45	93	
10	宋蕾	99	76	
11	郭燕华	75	54	
12	王星	49	75	
13	蔡婧	98	72	
14	伍运娥	45	65	
15				

图 4-55　成绩表

图 4-56　新建规则

Step 02　如图 4-57 所示，选择"使用公式确定要设置格式的单元格"选项，在"为符合此公式的值设置格式"框中输入下面的公式，然后单击"格式"按钮。

`=$B2>$C2`

Step 03　如图 4-58 所示，弹出"设置单元格格式"对话框，切换到"填充"选项卡，选择绿色填充色，单击"确定"按钮。返回"编辑格式规则"对话框，单击"确定"按钮，满足条件的自动显示填充色。

图 4-57　设置公式

图 4-58　编辑格式规则

知识扩展：

如图 4-59 所示，现在新增了 2 个人，对于这种情况，一般都要重新设置边框。如果再增加 3 个，又得重新设置边框，非常麻烦。

图 4-59　新增内容

如图 4-60 所示，一般想到的偷懒方法就是选择 A:C 列，然后设置边框，这样就不用再设置了。

不过这种方式一般不提倡，有的时候我们会觉得表格很卡，就是因为整行整列设置了边框、填充色等格式。

其实对于这种，也可以通过设置条件格式来实现。

如图 4-61 所示，选择区域 A1:C100，设置条件格式，输入公式，并设置边框线，操作步骤与前面相同。

图 4-60　设置边框

图 4-61　输入公式

如图 4-62 所示，现在只要 A 列有内容，就会自动添加边框。

图 4-62　自动添加边框

课后练习

如图 4-63 所示, 只要增加姓名或者增加科目, 就能智能地在行列添加边框, 该如何设置?

扫一扫 看答案

图 4-63　行列智能添加边框

Day35　一目了然的数据条

扫一扫 看视频

卢子: 如图 4-64 所示是一份销售地区付款金额汇总表, 给你 2 秒钟, 你能找到最大金额和最小金额吗?

	A	B
1	销售地区	付款金额
2	广州	42071.8
3	杭州	1261576.45
4	南京	529845.59
5	上海	1801663.37
6	深圳	22813.2
7	武汉	38845
8		

图 4-64　销售地区付款金额汇总表

木木: 这个难度有点大, 如果给我 10 秒钟, 应该没问题。

卢子: 现在才 6 个数据, 如果是 10 个或者更多呢, 你还能在同样的时间内找出来吗?

木木: 没办法啦, 一个个对比, 看得眼睛都花了。

卢子: 其实直接看数据是很难看出来的, 而通过图形化却能够一目了然。

如图 4-65 所示，选择区域 B2:B7，单击"快速分析"→"数据条"按钮，一眼就能看出最大金额与最小金额。

如图 4-66 所示，用鼠标将列宽调大，数据条也会跟着变长，非常智能。

图 4-65　数据条

图 4-66　调整列宽

假如对数据条的颜色不满意，也可以重新设置。

如图 4-67 所示，单击"条件格式"下拉按钮选择"数据条"选项，再选择自己喜欢的颜色。

图 4-67　设置颜色

知识扩展：

有的时候我们并不需要知道具体的金额，只需显示数据条即可。

Step 01 如图 4-68 所示，单击"条件格式"下拉按钮，选择"管理规则"选项。

Step 02 如图 4-69 所示，单击"编辑规则"按钮。

图 4-68 管理规则　　　　　　　　　　图 4-69 编辑规则

Step 03 如图 4-70 所示，勾选"仅显示数据条"复选框，单击"确定"按钮。如图 4-71 所示，就是简洁型数据条。

图 4-70 仅显示数据条

图 4-71 简洁型数据条

课后练习

如图 4-72 所示，如何设置小于 10 万的付款金额不显示数据条？

	A	B
1	销售地区	付款金额
2	广州	42071.8
3	杭州	1261576.45
4	南京	529845.59
5	上海	1801663.37
6	深圳	22813.2
7	武汉	38845
8		

图 4-72　小于 10 万的不显示数据条

Day36　迷人的迷你图

扫一扫 看视频

木木：如图 4-73 所示，每种产品上半年的销售数量是用数据条来制作的。如果是对比同一个月份的产品很直观，但如果是比较单独的产品上半年的销售量，虽然可以看出来，但不太直观，有没有更好的办法？

	A	B	C	D	E	F	G
1	产品	1月	2月	3月	4月	5月	6月
2	A	756	867	834	183	261	257
3	B	426	534	897	892	273	168
4	C	438	979	809	609	129	884
5	D	279	884	904	406	692	540
6	E	457	103	259	141	966	277
7	F	226	480	357	979	171	962

图 4-73　数据条

卢子：数据条就类似于条形图，如果换成柱形图就能非常直观地比较了。这么多产品直接插入柱形图显然是不明智的，恰好有一个迷你图的功能，可以设置小型的柱形图，非常好用。

Step 01 如图 4-74 所示，选择区域 H2:H7，切换到"插入"选项卡，单击"迷你图"组中的"柱形图"按钮。

🖊 图 4-74 插入迷你图

Step 02 如图 4-75 所示，选择数据范围 B2:G7，单击"确定"按钮。

🖊 图 4-75 选择数据范围

Step 03 如图 4-76 所示，清除掉原来的数据条，就可以非常直观地显示出来了。

图 4-76　柱形图

Step 04　如图 4-77 所示，怕你一秒钟看不出最大、最小值，还提供了显示"高点"和"低点"的功能，只需勾选相应复选框就能一秒钟识别出来。

图 4-77　勾选"高点"和"低点"复选框

　　如图 4-78 所示，可能有些人喜欢用折线图展示，这样也可以，只要轻轻一点就可以快速转换。

图 4-78　折线图

再更改 H1 的内容为折线图。

知识扩展：

如图 4-79 所示，正常情况下删除内容都是按 Delete 键，但是迷你图按 Delete 键却无法删除。

图 4-79　按 Delete 键无法删除

如图 4-80 所示，在"设计"选项卡中，单击"清除"下拉按钮，选择"清除所选的迷你图"选项。

图 4-80 清除所选的迷你图

课 后 练 习

如图 4-81 所示，根据该地区上半年的销售金额，制作出盈亏图。

	A	B	C	D	E	F	G	H
1	地区	1月	2月	3月	4月	5月	6月	盈亏图
2	南京	3142	400	9777	5250	1986	227	
3	上海	9472	-1314	3064	3646	7702	8460	
4	北京	3496	4843	3350	-1637	9694	4835	
5	无锡	4565	7600	2902	2096	3991	-397	
6	苏州	3810	5553	4050	2745	-1759	8495	
7	常州	3859	2238	-1935	4601	507	8356	

扫一扫 看答案

图 4-81 盈亏图

第 5 章
学好函数的捷径

　　"实用为王"，学以致用才是学习的目的，毕竟我们学习技术就是为了解决问题。不要一味贪多，现在用不上的函数就不要学习，等到需要时再学习也不迟。

　　每个人的思维习惯与角度不尽相同，导致水平有高低，思维有局限，帮助别人就是帮助自己。

　　请牢记 F1、F4 和 F9 三个快捷键，当你熟练掌握后，会有莫大的好处！

扫一扫 看视频

Day37　"万能"按键

在 Excel 里有一个"万能"的按键，就是 F1。

不论何时，按下 F1 键，都可以打开微软为你准备的帮助。只需以下两步，就能快速找到详细的函数说明。

Step 01 如图 5-1 所示，按下 F1 键，输入要搜索的函数，如 SUM，单击"搜索"按钮。

Step 02 如图 5-2 所示，单击函数词条，查看具体内容。

图 5-1　搜索函数

图 5-2　函数词条

如图 5-3 所示，可以看到函数的语法说明和视频教程。

如图 5-4 所示，一个函数下面提供了很多知识点，现在任意点开其中一个知识点"使用 SUM 的最佳做法"，就可以看到详细的案例说明，如图 5-5 所示。

图 5-3　函数语法说明和视频教程

图 5-4　函数知识点

本节将探讨一些使用 SUM 函数的最佳做法。这些方法许多也可以用于使用其他函数。

=1+2 或 = A+B 方法 - 虽然你可以输入 =1+2+3 或 =A1+B1+C2 并得出十分准确的结果，但这些方法容易出错，原因如下：

1. **拼写错误** – 想象一下你试图输入更多和/或更大的值，比如：

   ▪ **=14598.93+65437.90+78496.23**

   然后，试着验证你的输入无误。将这些值置于单个单元格中并使用求和公式会简单许多。此外，你还可在值位于单元格中时设置值的格式，使其在公式中的可读性更高。

f_x	=SUM(D2:D4)

D
数据
$14,598.93
$65,437.90
$78,496.23
$158,533.06

图 5-5　使用 SUM 的最佳做法

如果你能全部吃透，你就是函数"大神"了！

最后再强调一句：独学而无友，则孤陋寡闻。在学习的过程中要记得多跟别人交流，切记！

知识扩展：

获取帮助的方法和渠道如下。

- F1 键：官方第一手原味资料，最纯最真。
- 网络搜索引擎：大部分常用问题及疑难解答。
- 微信公众号"Excel 不加班"：大量的原创教程。
- QQ 群"Excel 不加班"：交流和学习。

课后练习

如图 5-6 所示，在微信公众号"Excel 不加班"内，按标题搜索关键词 VLOOKUP。

图 5-6　号内搜

Day38　善用美元符号（$）

扫一扫 看视频

F4 键是我们比较熟悉的快捷键，是因为它可以切换单元格地址引用方式，而不需要手工添加或删除"$"。

如图 5-7 所示，在编辑栏用鼠标选择 A1，按 F4 键。

图 5-7　F4 键的使用

如图 5-8 所示，每按一次 F4 键，$ 的位置就会发生改变，最后又重新转换成原来的 A1，循环改变。

图 5-8　转换过程

如果在下拉时希望行不发生改变，那么在行号前加上美元符号（$），如 A$1。

如果在右拉时希望列不发生改变，那么在列标前加上美元符号（$），如 $A1。

如果想实现双保险，行号列标都不发生改变，行号列标前都加上 $，全方位锁定，如 $A$1。

如图 5-9 所示为混合引用和绝对引用的效果。

	A	B	C	D	E	F	G	H
1	赵默笙	女孩1	女孩2		=A$1	赵默笙	女孩1	女孩2
2	女孩3	女孩4	女孩5			赵默笙	女孩1	女孩2
3	女孩6	女孩7	女孩8			赵默笙	女孩1	女孩2
4	女孩9	女孩10	女孩11			赵默笙	女孩1	女孩2
5								
6					=$A1	赵默笙	赵默笙	赵默笙
7						女孩3	女孩3	女孩3
8						女孩6	女孩6	女孩6
9						女孩9	女孩9	女孩9
10								
11					=$A$1	赵默笙	赵默笙	赵默笙
12						赵默笙	赵默笙	赵默笙
13						赵默笙	赵默笙	赵默笙
14						赵默笙	赵默笙	赵默笙
15								

图 5-9　引用效果

实际运用

2016 年度各人员产品销售情况占比，如图 5-10 所示。

	A	B	C
1	姓名	销量	占比
2	陈小琴	3873	16%
3	伍占丽	2914	12%
4	王婵凤	1304	5%
5	程凤	4589	19%
6	李永琴	1463	6%
7	张孟园	2651	11%
8	王艳萍	3448	14%
9	叶丽翠	4139	17%
10	合计	24381	100%

图 5-10　占比

在 C2 输入公式，下拉填充公式。

=B2/$B$10

知识扩展：

按快捷键 Alt+F4，可以快速关闭已打开的程序。如果显示的是桌面，还可以快速关机，如图 5-11 所示。

图 5-11　快速关机

课后练习

如图 5-12 所示，模拟九九乘法表的运算过程。

图 5-12　九九乘法表

Day39 解读公式神器

扫一扫 看视频

F9 键，人称"独孤九剑"，看过《笑傲江湖》的人应该知道令狐冲的独孤九剑很厉害。既然 F9 键有这个雅称，一定有过人之处。F9 键是解读公式的利器，公式如果太长了看不懂，将看不懂的地方抹黑就知道运算结果。看完后再按快捷键 Ctrl+Z 返回，否则公式就变了。

实际运用

1. 区间公式解读

如图 5-13 所示，在数学中经常使用 1<=X<=500 这种方法表示区间。在 Excel 中的表示方法是否也一样？目测成立，但按 Enter 键后却不成立，是怎么回事呢？

这时就可以借助 F9 键，查看运算过程。

如图 5-14 所示，在编辑栏选择 1<=30，按 F9 键解读，这个明显成立，返回 TRUE。

图 5-13　数学区间表示法

图 5-14　F9 键运用 1

如图 5-15 所示，在编辑栏选择 TRUE<= 500，按 F9 键解读。在 Excel 中逻辑值大于数字，这个明显不成立，返回 FALSE。

图 5-15　F9 键运用 2

如图 5-16 所示为 Excel 中数据的排序依据：错误值＞逻辑值＞文本＞数字。

图 5-16　排序依据

2. 提取职业公式解读

如图 5-17 所示，提取职业这个公式的 FIND 函数不知道作用是什么，可以在编辑栏用鼠标选择后按 F9 键。

其实这个就是查找 "-" 的位置，也就是返回 3。解读完后，按快捷键 Ctrl+Z 或者 Esc 键。

如图 5-18 所示，再重新在编辑栏选择整个公式，按 F9 键解读。

图 5-17　F9 键运用 3

图 5-18　F9 键运用 4

如图 5-19 所示，这就是解读后效果图。再强调一遍，解读公式以后，必须要按 Esc 键取消，否则公式就变了！

图 5-19　解读效果图

在 Excel 中还有一个解读工具，不过比较机械化，是从第一步解读到最后一步。

如图 5-20 所示，切换到"公式"选项卡，单击"公式求值"按钮，在弹出的对话框中单击"求值"按钮。

图 5-20　公式求值

如图 5-21 所示，就得到第一次求值后效果。接下来就是不断地单击"求值"按钮，直到全部求值完为止。

图 5-21　求值

知识扩展：

　　如图 5-22 所示，刚刚的公式是没问题的，但是下拉的时候公式却计算出错，是怎么回事呢？

图 5-22　公式计算出错

　　如图 5-23 所示，这时按一下 F9 键就恢复正常了。

图 5-23　F9 键运用 5

　　如图 5-24 所示，这是因为公式被设置了"手动重算"，而 F9 键的作用是可以让公式重新计算。如果想一劳永逸，直接改成"自动重算"即可。

　　如图 5-25 所示，我们在用 NOW 函数生成当前时间的时候，表格时间并不是随时更新的，而是在单元格进行某些操作时才会自动更新至当前操作时间。如果想达到不对单元格做任何操作就让时间更新至当前时间的效果，可以按 F9 键。

图 5-24 手动重算

图 5-25 当前时间

课后练习

如图 5-26 所示，用 F9 键解读公式，理解整个公式的含义。

`=OFFSET($A$1,,,COUNTA($A:$A),COUNTA($1:$1))`

图 5-26 解读 OFFSET

函数不用记，聪明人都用这招

扫一扫 看视频

大家都知道我函数的应用水平不错，能记住很多很多函数的组合，真的很厉害。如果我告诉你，我一个函数都记不住，你信不？

你肯定会说："你逗我玩吗？鬼才信你！"

如图 5-27 所示，这不就是你写的函数吗？这么长你都记住了。

图 5-27　长函数

其实真相是这样的，我只记住了 SUM，后面是啥压根儿记不住。哪里能记住这么长的单词呢？对吧！

我能准确输入函数，真相就藏在这里，如图 5-28 所示。

图 5-28　函数提示功能

借助 Excel 超级强大的记忆功能，只要你能记住每个函数的前 3 个字母，足矣。善于借助外力才是聪明人所为！

如果有一天，你在工作表中输入前几个字母后没有任何提示，不要怀疑是不是 Excel 出了问题，而是你的工作表被别人动了手脚，重新更改过来即可。

说明：Excel 2003 版本并不存在这个功能，所以手工输入的时候经常出错。

选择"文件"→"选项"命令，打开"Excel 选项"对话框。选择"公式"选项卡，选中"公式记忆式键入"复选框，单击"确定"按钮，如图 5-29 所示。

图 5-29　设置公式记忆式键入

知识扩展：

手动输入法是最便捷的，前提是对函数有一个大概印象。如果是在完全不知道用什么函数的情况下，则需要借助于搜索函数这个功能。

如图 5-30 所示，切换到"公式"选项卡，单击"插入函数"按钮，弹出"插入函数"对话框，在"搜索函数"文本框输入关键词，如"求和"，单击"转到"按钮，就会出现一些相关的函数，每个函数会出现简单的说明，如果是你所需要的，单击"确定"按钮。

图 5-30　搜索函数

如图 5-31 所示，如果你对某个函数的用法不是很了解，可以单击"有关该函数的帮助"超链接，就会出现这个函数的详细介绍。

图 5-31　函数的详细帮助

如图 5-32 所示，切换到"公式"选项卡，在"数学和三角函数"下拉列表中找到 SUMPRODUCT 函数。这种方法是我刚接触 Excel 的时候常用的，后来基本不用了。

图 5-32　函数库

如图 5-33 所示，有一些比较难的要善于借助搜索引擎，借助搜索引擎基本上可以解决 60% 以上的问题。

图 5-33　搜索引擎

如图 5-34 所示，借助函数搜索的功能，自学一个新函数，计算两个日期之间的工作日。

	A	B	C	D
1	开始日期	结束日期	工作日	
2	2017-6-15	2017-6-20	4	
3				
4				

图 5-34　计算工作日

第 6 章
不会函数怎敢闯职场

凭真本事，才敢闯职场。并不是学会几项常用技能就够了，想成为高手，那不过是开始，后面还有很长的路要走。

Day41 用真实案例告诉你为什么要学好函数

下面讲两件真实的事。

1. 智斗 HR，通关 BOSS

扫一扫 看视频

2015 年年中，卢子本着为人又为己的初衷向公司提交了辞呈。事情是这样的，公司要裁掉卢子的同事，卢子决定领取这个名额，把工作的机会让给那个同事。同时自己编写的书籍也宣传到位，荣登了销售排名第一的宝座，心想是时候放松一下去寻找灵感，实现梦想了。

重新回到广州，偶遇一家公司招聘 Excel 专员。居然有如此贴切的职位，对于我这个只有高中学历且只有一门 Excel 看家本领的人来说，无疑是再适合不过的工作了。但是欣喜未免太早，还是先看看他们的要求吧。

精通 SUM、SUMIF、IF、VLOOKUP、INDEX、MATCH 等十多个函数，还要熟悉用 Ctrl+Shift+Enter 三键生成的数组公式，外加 VBA。除了这些之外，还需要熟练操作 PPT、Word 软件。原来半年招不到人是有原因的。

如果你去应聘，你能胜任吗？

卢子对于自己的 Excel 技能还是很有信心的，这种量身定做的岗位肯定不会放过，赶紧准备最新的简历，献上最帅的照片，暗自窃喜天上掉馅饼还不偏不倚地落在了自己口中。但是接下来却并没有如预期般顺利，就像记忆中的考试，以为名列前茅却名落孙山。等了两天没消息，心中的窃喜也慢慢一截一截地凉下来，事情本该到此结束。

但是突然有一天，这事又撞进了卢子的脑袋，那就速战速决吧，拿起电话一通拨过去，面试就这样敲定了。本来面试都会带简历，但是卢子呢，带上自己和百度就出门了。到了公司，HR 淡淡地瞥了一眼，瞧见卢子两手空空，悠悠地飘出来几个字："简历拿来吧！"

卢子不傻啊，赶紧第一句封上对方的口，"我是书籍作者，Excel 畅销书作者，已经出版 4 本 Excel 书籍，拥有 10 年数据处理经验。"二话不说，憋回各种考验问题，直接通往老板了。

好吧，既然都到老板面前了，装备肯定得跟得上。老板坐阵，还是先规矩地介绍下自己。于是卢子带上的第 2 个工具——百度就闪亮出场了。一边自我介绍："我是陈锡卢。"一边百度陈锡卢，卢子本已打开网页准备给老板看，只见老板自己动手百度了，卢子便偷偷观察老板面色，八成是有戏了，看得这么认真！

我的事说完了，接下来说一件读者的事。

2. 凭真本事，才敢闯职场

下面来看一下某读者的面试试题。看过之后你就会明白，如果 Excel 学不好，你可能连工作的机会都没有！

规定时间是 15 分钟，时间相当紧。就连自诩"Excel 高手"的我都花了 10 分钟才搞定这 3 道题目，如果是那些没有什么 Excel 经验的，估计直接就淘汰出局了。

（1）如图 6-1 所示，根据左边的产品编码表，查询销售品种对应的产品编码，填写在 F 列。

	A	B	C	D	E	F
1	产品编码表			客户名称	销售品种	产品编码
2	销售品种	产品编码		甲	电视	
3	冰箱	C-BD-BX-001		乙	冰箱	
4	空调	C-BD-KT-001		丙	洗衣机	
5	热水器	C-BD-RSQ-001		丁	微波炉	
6	洗衣机	C-BD-XYJ-001		赵	空调	
7	电磁炉	C-CD-DCL-001		钱	电饭煲	
8	电饭煲	C-CD-DFB-001		孙	热水器	
9	微波炉	C-CD-WBL-001		李	电话	
10	油烟机	C-CD-YYJ-001		A	手机	
11	酒	C-CY-J-001		B	油烟机	
12	酱油	C-CY-JY-001		C	电风扇	
13	可口可乐	C-CY-KL-001		D	电熨斗	
14	面包	C-CY-MB-001		一	电磁炉	
15	香烟	C-CY-XY-001		二	电脑	
16	电视	C-HD-DS-001		三	沙发	

图 6-1　查询产品编码

（2）如图 6-2 所示是基础数据，统计每个月的数量，如图 6-3 所示。

图 6-2　基础数据

图 6-3　汇总表 1

（3）如图 6-2 所示是基础数据，如图 6-4 所示是销售单价表，根据这 2 个表统计每一个品种的 2017 年总销售金额，如图 6-5 所示。

图 6-4　销售单价表

图 6-5　汇总表 2

如果是你去面试，这 3 道题目你有把握在 15 分钟内完成吗？

Day42　IF 函数家族经典使用案例

扫一扫 看视频

你是广东的吗？

你是学财务的吗？

你是 Excel 爱好者吗？

……

　　每天都会接触到很多类似的问题，都围绕着是或者不是展开。是在 Excel 中用 TRUE 表示，不是在 Excel 中用 FALSE 表示。而 TRUE 和 FALSE 就是逻辑函数，也就是说我们每天都在跟逻辑函数打交道。

1. 判断称呼

　　卢子：如图 6-6 所示，这是一份学生成绩表，如何根据性别判断称呼，即性别为男的显示为"先生"，性别为女的显示为"女士"？

编号	姓名	性别	称呼	专业类	专业代号	来源	原始分	总分	录取情况	
1	汪梅	男		理工		本地	599			
2	郭磊	女		理工		本地	661			
3	林涛	男		理工		本省	467			
4	朱健	男		文科		本省	310			
5	李明	女		文科		本省	584			
6	王建国	女		财经		外省	260			
7	陈玉	女		财经		本省	406			
8	张华	女		文科		本省	771			
9	李丽	男		文科		本地	765			
10	汪成	男		理工		本地	522			
11	李军	女		理工		本地	671			
12	王红蕾	男		文科		本地	679			
13	王华	女		理工		本省	596			
14	孙传富	女		财经		外省	269			
15	赵炎	女		财经		外省	112			

图 6-6　学生成绩表

　　木木：条件判断不就是 IF 函数吗，很简单。

Step 01 如图 6-7 所示，单击 D2 单元格，在编辑栏输入下面的公式。

=IF(C2=" 男 "," 先生 "," 女士 ")

图 6-7　输入 IF 函数

Step 02 如图 6-8 所示，按 Enter 键后，D2 单元格自动生成"先生"。把鼠标指针放
在 D2 单元格右下角，当其变为"+"形的时候，双击单元格。

编号	姓名	性别	称呼	专业类	专业代号	来源	原始分	总分	录取情况
1	汪梅	男	先生	理工		本地	599		
2	郭磊	女		理工		本地	661		
3	林涛	男		理工		本省	467		
4	朱健	男		文科		本省	310		
5	李明	女		文科		本省	584		
6	王建国	女		财经		外省	260		
7	陈玉	女		财经		本省	406		
8	张华	女		文科		本地	771		
9	李丽	男		文科		本地	765		
10	汪成	男		理工		本地	522		
11	李军	女		理工		本地	671		
12	王红蕾	男		文科		本地	679		
13	王华	女		理工		本省	596		
14	孙传富	女		财经		外省	269		
15	赵炎	女		财经		外省	112		

图 6-8　双击填充公式

如图 6-9 所示，填充公式后，所有称呼就都显示出来了。

	A	B	C	D	E	F	G	H	I	J
	编号	姓名	性别	称呼	专业类	专业代号	来源	原始分	总分	录取情况
2	1	汪梅	男	先生	理工		本地	599		
3	2	郭磊	女	女士	理工		本地	661		
4	3	林涛	男	先生	理工		本省	467		
5	4	朱健	男	先生	文科		本省	310		
6	5	李明	女	女士	文科		本省	584		
7	6	王建国	女	女士	财经		外省	260		
8	7	陈玉	女	女士	财经		本省	406		
9	8	张华	女	女士	文科		本地	771		
10	9	李丽	男	先生	文科		本地	765		
11	10	汪成	男	先生	理工		本地	522		
12	11	李军	女	女士	理工		本地	671		
13	12	王红蕾	男	先生	文科		本地	679		
14	13	王华	女	女士	理工		本省	596		
15	14	孙传富	女	女士	财经		外省	269		
16	15	赵炎	女	女士	财经		外省	112		

D2 =IF(C2="男","先生","女士")

图 6-9　填充公式后效果

卢子：不错，我再补充一下用法，你就当复习一下，温故而知新。

如图 6-10 所示，IF 函数有 3 个参数，每个参数都有不同的含义，只有明白了其中的含义，才能准确地设置公式。

图 6-10　IF 函数语法

刚刚的判断也可以改成下面的公式。

```
=IF(C2=" 女 "," 女士 "," 先生 ")
```

❓ 木木：再复习几次，我都可以当老师了，哈哈！

2. 判断专业代号

🔅 卢子：刚刚性别只有两种情况，非男即女。现在专业代号有三种，理工显示 LG，文科显示 WK，财经显示 CJ。单个 IF 函数是无法直接完成的，你知道怎么做吗？

❓ 木木：函数嵌套我还不会，教教我怎么做吧。

🔅 卢子：函数最有意思的地方就是嵌套，每个参数都可以嵌套不同的函数，从而变成非常强大的公式。跟组合积木差不多，通过小小的积木，组合成庞大的模型。

```
=IF(E2=" 理工 ","LG",IF(E2=" 文科 ","WK","CJ"))
```

如图 6-11 所示，当 E2 是理工的时候显示 LG，否则就显示后面的 IF(E2=" 文科 ","WK","CJ")。

PV	▾	:	✕ ✓ fx	=IF(E2="理工","LG",IF(E2="文科","WK","CJ"))

▲	A	B	C	D	E		J
	编号	姓名	性别	称呼	专业类	专业代号 来源 原始分 总分 录取情况	
1							
2	1	汪博	男	先生	理工	","CJ")) 本地 599	
3	2	郭磊	女	女士	理工	本地 661	
4	3	林涛	男	先生	理工	本省 467	

✏️ 图 6-11　IF 函数分步解读

执行了第一次判断后，再执行第二次判断。

当 E2 是文科的时候显示 WK，否则就显示 CJ。

❓ 木木：听起来还是有点模糊。

🔅 卢子：我再用一个示意图来表示，你一看就明白了。如图 6-12 所示，其实 IF 函数就跟我运营公众号一样，首先是判断你有没有关注，如果有关注再进一步判断是否喜欢我写的文章。

图 6-12　关注公众号示意图

木木：一年 365 天不间断更新微信公众号文章，真的很佩服。

卢子：其实做每一行都不容易，运营公众号除了每天要关心涨粉情况，还要担心写的文章粉丝是否喜欢。不说这个了，继续回到 IF 函数的运用上。

3. IF 函数嵌套的巩固

卢子：利用前面的知识，获取总分。来源为本地，总分为原始分加 30；来源为本省，总分为原始分加 20；来源为外省，总分为原始分加 10。

木木：我试试，这个我应该会做。

Step 01　在 I2 输入如下公式。

```
=IF(G2=" 本地 ",H2+30,IF(G2=" 本省 ",H2+20,H2+10))
```

Step 02　把鼠标指针放在 I2 单元格右下角，当其变为 "+" 形的时候，双击单元格，填充公式。

依样画葫芦，搞定！

卢子：干得不错，但这个公式还可以进一步简化。这里就涉及数学中的合并同类项，就是将相同的内容提取出来，对表达式进行简化，如图 6-13 所示。

图 6-13　合并同类项

其实 Excel 中的公式和数学中的表达式也有点类似，可以做同样的操作。"H2+" 这个是同样的，所以可以提取出来，最终公式为：

```
=H2+IF(G2=" 本地 ", 30,IF(G2=" 本省 ", 20,10))
```

木木：原来是这样，那我数学不好是不是不能学好公式？

卢子：数学好对学好公式有一点作用，但也不是绝对的。再说，实际工作中只要能解决问题就行，不要执着于公式的简化。简化公式的做法在学习的过程中可以练，实际上不提倡！

木木：这样还好，要不然我都没信心了。

4. 满足多条件获取录取情况

卢子：截止到目前都是单个 IF 函数的运用，下面将会涉及与其他函数的嵌套运用。

木木：函数嵌套一直是我的心结，单个函数我还懂，一嵌套就晕了。

卢子：其实只要熟悉单个函数的用法，多个函数的嵌套也不是难事。现在跟你说一下，满足多条件获取录取情况。

现在某公司准备录取性别为女性，总分在 600 分以上的人，该怎么做呢？

在 J2 输入公式，并向下填充公式。

```
=IF(AND(C2=" 女 ",I2>600)," 录取 ","")
```

如图 6-14 所示，AND 函数当所有条件都是 TRUE 时，则返回 TRUE。

如图 6-15 所示，AND 函数只要其中一个条件是 FALSE，则返回 FALSE。

图 6-14　AND 函数语法条件 1

图 6-15　AND 函数语法条件 2

举一个简单的例子来说明下，怎么算在谈恋爱呢？

条件 1：男的喜欢女的；

条件 2：女的喜欢男的。

只有同时满足这两个条件，才算谈恋爱，否则最多算单相思。

=IF(AND("男的喜欢女的","女的喜欢男的"),"谈恋爱","单相思")

木木：秒懂！卢子现在谈恋爱了，说话变得越来越有才，哈哈哈。

卢子：其实很多事情都是相通的，你想学习 Excel，我愿意分享 Excel，才有了这次对话。

说到 AND 函数不得不提另外一个函数——OR，这个函数跟 AND 很相似。

如图 6-16 所示，OR 函数只有当所有条件都是 FALSE 的时候，才返回 FALSE。

如图 6-17 所示，OR 函数只要其中一个条件是 TRUE，就返回 TRUE。

图 6-16　OR 函数语法条件 1

图 6-17　OR 函数语法条件 2

举个例子来说明一下，怎样才算好运？

条件 1：出门捡到钱了；

条件 2：买彩票中奖了；

条件 3：遇到好心人帮你解决疑难了。

我们不需要所有条件都成立才算好运，只需满足其中一个即可。

=IF(OR("出门捡到钱了","买彩票中奖了","遇到好心人帮你解决疑难了"),"好运","正常")

木木：我好幸运啊，遇到卢子大帅哥教我 Excel，解决疑难。

知识扩展：

AND 函数可以用 * 代替，OR 函数可以用 + 代替。

判断 A1 是否在区间 0 ~ 60 之间，满足显示不及格，不满足显示及格。

```
=IF(AND(A1>0,A1<60),"不及格","及格")
=IF((A1>0)*(A1<60),"不及格","及格")
```

判断 A1 是否小于 160 或者大于 170，满足显示不合格，不满足显示合格。

```
=IF(OR(A1<160,A1>170),"不合格","合格")
=IF((A1<160)+(A1>170),"不合格","合格")
```

课后练习

如图 6-18 所示，成绩小于 60 为不及格，大于等于 60 小于 70 为及格，大于等于 70 小于 80 为良好，大于等于 80 为优秀。

	A	B	C
1	姓名	成绩	等级
2	李飞	55	不及格
3	王帅	99	优秀
4	张华	70	良好
5	王祥	97	优秀
6	李楠	78	良好
7	张洋	59	不及格
8	武天	42	不及格
9	罗燕	28	不及格
10			

图 6-18 判断等级

Day43　史上最快求和，你敢挑战吗

扫一扫 看视频

总分考了多少分？

最高分是多少分？

最低分是多少分？

全班有多少人？

……

数学与统计函数同样跟我们的生活息息相关，非常重要。

自动求和妙用

卢子：如图 6-19 所示，这是某学校的成绩明细表，如何统计总分、平均分、考试人数、最高分、最低分？

	A	B	C	D	E	F	G
1	姓名	数学	语文	英语	总分	平均分	
2	李明	39	55	90			
3	王小二	60	64	77			
4	郑准	86	79	98			
5	张大民	77	85	83			
6	李节	43	47	54			
7	阮大	56	71	49			
8	孔庙	90	89	98			
9	张三	45	67	88			
10	吴柳	77	88	67			
11	田七	65	55	44			
12	王启	77	98	28			
13	考试人数						
14	最高分						
15	最低分						
16							

图 6-19　成绩明细表

木木：总分这个我会，其他我就不懂了。

Step 01　如图 6-20 所示，单击 E2 单元格，切换到"公式"选项卡，单击"自动求和"按钮，Excel 就会自动帮你选择区域求和。

图 6-20　自动求和

Step 02 如图 6-21 所示，将公式下拉填充到 E12，搞定。

卢子：　"自动求和"这个确实很实用，轻轻一点就全搞定。其实"自动求和"并不
　　　　仅仅是求和而已，还包含了很多其他功能。如图 6-22 所示，单击"自动求和"
　　　　下拉按钮，会出现求和、平均值、计数、最大值和最小值。

图 6-21　填充公式

图 6-22　自动求和隐藏的功能

木木：　天啊，居然藏着这么多秘密！

卢子：这个功能是 Excel 2007 刚出来时我无意间发现的，那时无聊，就对着 Excel 2007 新功能乱点，点到这个的时候就像发现新大陆一样。这几个你可以逐个去测试，我把公式先发给你看看。最终效果如图 6-23 所示。

	A	B	C	D	E	F	G
1	姓名	数学	语文	英语	总分	平均分	
2	李明	39	55	90	184	61.33333	
3	王小二	60	64	77	201	67	
4	郑准	86	79	98	263	87.66667	
5	张大民	77	85	83	245	81.66667	
6	李节	43	47	54	144	48	
7	阮大	56	71	49	176	58.66667	
8	孔庙	90	89	98	277	92.33333	
9	张三	45	67	88	200	66.66667	
10	吴柳	77	88	67	232	77.33333	
11	田七	65	55	44	164	54.66667	
12	王启	77	98	28	203	67.66667	
13	考试人数	11	11	11			
14	最高分	90	98	98			
15	最低分	39	47	28			
16							

图 6-23　最终效果图

平均分：

=AVERAGE(B2:D2)

考试人数：

=COUNT(B2:B12)

最高分：

=MAX(B2:B12)

最低分：

=MIN(B2:B12)

需要注意的是，区域记得更改，智能选择的区域不一定正确。这几个函数都比较简单，学会其中一个，其他的就都会了。

木木：是啊，一下子 5 个函数都学会了，我好厉害啊！

知识扩展：

将鼠标指针放在"自动求和"按钮上，就会出现求和的快捷键 Alt+=，如图 6-24 所示。

图 6-24　求和的快捷键

（1）也就是说借助快捷键 Alt+= 可以轻松实现对区域进行求和，如图 6-25 所示。

图 6-25　快捷键求和

（2）快捷键 Alt+= 不仅可以对一列的数据求和，还能对多列的数据同时求和。选择区域，按快捷键 Alt+= 瞬间就可对区域求和，如图 6-26 所示。

图 6-26　对多列数据同时求和

（3）还有一种就是将数据分成几段求和，如图 6-27 所示，分别对各个部门统计工资。

当输入完第一个公式后，你会很纠结，公式无法下拉，如果是一个一个输入公式又非常麻烦，当部门非常多的时候还容易出错，如图 6-28 所示。

图 6-27　分段求和　　　　　　　图 6-28　无法下拉

像这种分段求和，跳跃式地求和，而且每次求和求的都是上方连续区域的连续数字，我们就可以巧妙利用功能区上的自动求和功能加上定位条件来快速实现。先用鼠标将 C 列有数据的区域选中（不能把整个 C 列选完，只选中 C 列有数据区域），再按 F5 键，打开"定位条件"对话框，选中"空值"单选按钮，单击"确定"按钮，如图 6-29 所示。

图 6-29　定位空值

　　这时 C 列的空单元格就被选好了，只需按一下快捷键 Alt+= 就完成了统计，如图 6-30 所示。

图 6-30　快捷键求和

课后练习

如图 6-31 所示，数量放在三列显示，如何隔列统计总数量。

图 6-31　隔列求和

 Day44

多表求和比你想象中更简单

扫一扫 看视频

木木： 如图 6-32 所示，现在有格式相同的 7 张表，我要在汇总表求所有表格的销售量总和。这是我使用的公式，好长，而且还容易出错，有没有更简单的办法？

图 6-32　格式相同的多表

```
=SUM('1 月 '!C:C)+SUM('2 月 '!C:C)+SUM('3 月 '!C:C)+SUM('4
月 '!C:C)+SUM('5 月 '!C:C)+SUM('6 月 '!C:C)+SUM('7 月 '!C:C)
```

卢子： 如果用这样的公式确实非常麻烦，现在还好只是 7 张表，如果是按天算，一年 365 张表，你估计就要哭了。

其实多表汇总，公式简单到你不敢相信。

如图 6-33 所示，打开汇总表，在 B1 输入如下公式。

```
=SUM('*'!C:C)
```

如图 6-34 所示，按 Enter 键以后见证神奇，公式居然自动帮我们改成标准的形式。

图 6-33 多表求和公式

图 6-34 公式自动更改为标准的形式

"*"就代表除了当前工作表（汇总表）以外的所有工作表。

SUM 函数多表求和语法：

```
=SUM( 开始表格 : 结束表格 ! 区域 )
```

假如现在只是求前 6 个月的销售量，可以这样设置公式：

```
=SUM(1 月 :6 月 !C:C)
```

正常情况下，' 可以不用写，Excel 会自动帮你写好：

```
=SUM('1 月 :6 月 '!C:C)
```

如图 6-35 所示，有的时候在同一个工作簿中会出现一些不相干的表格，所以不能直接用上面的公式，需要加一个条件进行判断。汇总的表格都有"月"字，可以根据这个进行判断。

图 6-35 不相关的表

我们知道 "*" 是通配符，包含月份我们可以这样表示 "* 月"。所以可以这样设置公式：

```
=SUM('* 月 '!C:C)
```

输入公式后，Excel 智能帮我们写成标准的公式：

```
=SUM('1 月 :3 月 '!C:C,'4 月 :6 月 '!C:C)
```

Excel 实在太聪明了！

知识扩展：

　　如图 6-36 所示，现在是要分开统计每个月的销售量。

图 6-36　统计每个月的销量

在 B2 输入公式，并向下填充公式。

```
=SUM(INDIRECT(A2&"!C:C"))
```

"&" 的作用就是将内容合并起来，A2&"!C:C" 合并起来就是 1 月 !C:C，就是 1 月这张表的求和区域。

如图 6-37 所示，为了加深对 "&" 的理解，我们再用一个案例进行说明。

为什么不直接用下面的公式进行求和，而要嵌套一个 INDIRECT 函数呢？

```
=SUM(A2&"!C:C")
```

如图 6-38 所示，直接使用得到的是 #VALUE!，警告你出错了，原因是里面的区域仅仅是文本，而不是真正的区域。

图 6-37　合并内容

图 6-38　直接引用求和出错

这里先看一下 INDIRECT 函数，这个函数可以对文本进行引用，一般称之为间接引用。

有直接引用自然就有间接引用。比如现在有三个人，分别叫甲、乙、丙，现在甲要知道丙的事情，可以直接去问丙，也可以通过乙间接去了解丙的事情。也就是说，直接引用就是直接输入区域就行，不通过第三者，我们正常的引用都是直接引用，如区域 C:C。间接引用就是通过第三者才能获得的，如 INDIRECT("C:C")。也就是说，只要嵌套一个 INDIRECT 函数就可以。

```
=SUM(INDIRECT(A2&"!C:C"))
```

再举一个例子加深理解，现在要间接引用每个月份的 C2 单元格，可以按图 6-39 所示设置公式。

图 6-39　间接引用每个月份的 C2 单元格

课后练习

如图 6-40 所示，现在工作簿杂乱地存放着各种表格，如何统计 1—6 月的总销售量？

▲	A	B	C	D	E	F	G	H
1	如何统计1-6月的总销售量							
2	6074							
3								
4								
5								
6								
7								

汇总表　1月　2月　3月　草稿　4月　5月　12月　6月　13月　课后练习

图 6-40　统计 1—6 月的总销售量

Day45　条件求和与计数一学就会

扫一扫 看视频

卢子：SUM 函数家族有很多成员，下面通过实例来学习一下。

如图 6-41 所示，根据左边每个科目的消费明细，统计右边科目出现的次数与金额。

▲	A	B	C	D	E	F	G	H
1	部门	科目	金额		科目	次数	金额	
2	一车间	邮寄费	29		办公用品			
3	一车间	出租车费	80		教育经费			
4	二车间	邮寄费	19		过桥过路费			
5	二车间	过桥过路费	87		出差费			
6	二车间	运费附加	87					
7	财务部	独子费	100					
8	二车间	过桥过路费	62					
9	销售1部	出差费	74					
10	经理室	手机电话费	41					
11	二车间	邮寄费	21					
12	二车间	话费补	61					
13	人力资源部	资料费	86					
14	二车间	办公用品	77					
15	财务部	养老保险	20					
16	二车间	出租车费	47					
17								

图 6-41　每个科目的消费明细

如图 6-42 所示，我们知道 COUNT 函数是计数，IF 函数是条件，两个合起来就是条件计数。

统计科目划分的次数就可以用下面的公式，在 F2 输入公式，并双击填充公式。

```
=COUNTIF(B:B,E2)
```

下面再来看看这个函数的语法，如图 6-43 所示。

图 6-42　COUNT 与 IF 函数合并图

图 6-43　COUNTIF 函数语法

木木：原来函数可以这么玩啊，涨见识了！如图 6-44 所示，那按条件统计金额不就可以用 SUMIF 函数吗？

卢子：木木好聪明啊，举一反三。

木木：不过我不懂 SUMIF 函数用法，你给我讲讲。

卢子：如图 6-45 所示，SUMIF 函数比 COUNTIF 函数只是多一个求和区域而已，其他都一样。很多人说函数难，那是因为找不到方法，如果方法懂了，函数真的很简单，学会一个，其他相关联的都会。

图 6-44　SUM 与 IF 合并图

图 6-45　SUMIF 函数语法

木木：我来试试怎么写公式，你不要说。

条件区域是 B:B；

条件是 E2；

求和区域是 C:C。

综合起来就是：

```
=SUMIF(B:B,E2,C:C)
```

卢子：理解得很好，我再制作一个 SUMIF 函数用法图解，如图 6-46 所示。

| NETWO... | ▾ | ✕ | ✓ | f_x | =SUMIF(B:B,E2,C:C) |

	A	B	C	D	E	F	G	H
1	部门	科目	金额		科目	次数	金额	
2	一车间	邮寄费	29		办公用品	1	=SUMIF(B:
3	一车间	出租车费	80			0	0
4	二车间	邮寄费	19		条件	2	149
5	二车间	过桥过路费	87			1	74
6	二车间	运费附加	87				
7	财务部	独子费	100				
8	二车间	过桥过路费	62				
9	销售1部						
10	经理室	条件区域	求和区域				
11	二车间	邮寄费					
12	二车间	话费补	61				
13	人力资源部	资料费	86				
14	二车间	办公用品	77				
15	财务部	养老保险	20				
16	二车间	出租车费	47				

图 6-46 SUMIF 函数图解

还有一个常用的函数 AVERAGEIF，是按条件求平均值，语法与 SUMIF 函数一样。

```
=AVERAGEIF(B:B,E2,C:C)
```

但对于 MAXIF 与 MINIF，微软暂时不支持。

知识扩展：

说完单条件，必须说多条件。如图 6-47 所示，按部门和科目两个条件统计次数和金额。

	A	B	C	D	E	F	G	H	I
1	部门	科目	金额		部门	科目	次数	金额	
2	一车间	办公用品	29		二车间	办公用品			
3	一车间	教育经费	80		二车间	教育经费			
4	二车间	过桥过路费	19		二车间	过桥过路费			
5	二车间	出差费	87		一车间	出差费			
6	二车间	办公用品	87						
7	一车间	教育经费	100						
8	二车间	过桥过路费	62						
9	二车间	出差费	74						
10	经理室	办公用品	41						
11	二车间	教育经费	21						
12	二车间	过桥过路费	61						
13	一车间	出差费	86						
14	二车间	办公用品	77						
15	财务部	养老保险	20						
16	二车间	出租车费	47						
17									

图 6-47　对部门和科目多条件统计

木木：虽然我不懂，但我猜测应该是用 COUNTIF 与 SUMIF 函数再加点什么组成一个新函数完成。

卢子：猜得没错，英语中的复数很多都是直接在后面加 s，表示多于一次，如 sea-seas，girl-girls，day-days。

也就是说多条件其实可以在后面加个 S，如 COUNTIF-COUNTIFS，SUMIF-SUMIFS，如图 6-48 所示。

=COUNTIFS(① 条件区域1, ② 条件1,③条件区域2, ④ 条件2,……,⑤条件区域N, ⑥ 条件N)

对区域中满足多条件的值进行计数

图 6-48　COUNTIFS 函数语法

木木：原来语法与 COUNTIF 函数一样，只是多几个条件区域和条件，我会用了。

在 G2 输入公式，并下拉填充公式。

```
=COUNTIFS(A:A,E2,B:B,F2)
```

现在发觉我没那么怕公式了，一学就会，我好聪明有没有？

卢子：是啊，好厉害啊。

如图 6-49 所示，我再跟你说一下 SUMIFS 函数的语法。

=SUMIFS(① 求和区域, ② 条件区域1,③条件1,④条件区域2, ⑤条件2,……,⑥条件区域N, ⑦条件N)

对区域中满足多条件的值进行求和

图 6-49　SUMIFS 函数语法

SUMIFS 函数跟 COUNTIFS 函数有点像，条件区域和条件是一一对应的，只是在第一参数写求和区域。

木木：那我也会用了。

在 H2 输入公式，并下拉填充公式。

```
=SUMIFS(C:C,A:A,E2,B:B,F2)
```

最终效果如图 6-50 所示。

⊿	D	E	F	G	H	I
1		部门	科目	次数	金额	
2		二车间	办公用品	2	164	
3		二车间	教育经费	1	21	
4		二车间	过桥过路费	3	142	
5		一车间	出差费	1	86	
6						

图 6-50　最终效果图

卢子：如果所有人都像你这么聪明的话，那就好了，不用操心。

课后练习

如图 6-51 所示，根据左边的明细表，统计部门和科目的金额。

部门	科目	金额		部门	办公用品	教育经费	出差费	养老保险
一车间	办公用品	29		一车间	29	180	86	0
一车间	教育经费	80		二车间	164	21	161	0
二车间	过桥过路费	19		经理室	41	0	0	0
二车间	出差费	87		财务部	0	0	0	20
二车间	办公用品	87						
一车间	教育经费	100						
二车间	过桥过路费	62						
二车间	出差费	74						
经理室	办公用品	41						
二车间	教育经费	21						
二车间	过桥过路费	61						
一车间	出差费	86						
二车间	办公用品	77						
财务部	养老保险	20						
二车间	出租车费	47						

 图 6-51　统计部门和科目的金额

扫一扫 看视频

Day46　让人畅快的求和套路

卢子：如图 6-52 所示，年底自评，要对项目进行加权得分，你知道怎么做吗？

木木：这个还不简单？

Step 01　在 D2 输入公式，并下拉填充公式。

```
=B2*C2
```

Step 02　在 D9 输入公式进行求和，如图 6-53 所示。

```
=SUM(D2:D8)
```

图 6-52　对项目进行加权得分

	A	B	C	D	E
1	项目	分数	占比		
2	A1	70	10%	7	=B2*C2
3	A2	60	30%	18	=B3*C3
4	A3	50	20%	10	=B4*C4
5	A4	83	10%	8.3	=B5*C5
6	A5	85	10%	8.5	=B6*C6
7	A6	90	15%	13.5	=B7*C7
8	A7	78	5%	3.9	=B8*C8
9	加权得分			69.2	=SUM(D2:D8)
10					

图 6-53　分步求和

卢子：这也是一种方法，不过 Excel 内置了相应的函数，无须借助辅助列来完成。如图 6-54 所示，一起来看下 SUMPRODUCT 函数的用法：

```
=SUMPRODUCT(B2:B8,C2:C8)
```

等同于：

```
=B2*C2+B3*C3+B4*C4+B5*C5+B6*C6+B7*C7+B8*C8
```

如图 6-55 所示，其实 SUMPRODUCT 函数同样是由两个函数组成的，一个是 SUM 函数，一个是 PRODUCT 函数。

=SUMPRODUCT(① 区域1, ② 区域2,......,③条件区域N)

对区域对应的值相乘，并返回乘值的和。

图 6-54　SUMPRODUCT 函数语法

SUM	+	PRODUCR	=	SUMPRODUCT
求和		乘积		乘积求和

图 6-55　SUM 与 PRODUCR 合并图

PRODUCT 函数就是乘积，比如要计算 B2 与 C2 的乘积，就用：

```
=PRODUCT(B2:C2)
```

木木：原来如此，Excel 的函数都是玩组合的，有点意思。

知识扩展:

这就是最原始的用法, 如果只听微软的话, 你连求和之门还没进去, SUMPRODUCT 函数便帮你实现了各种各样的求和。

那应该很难理解吧?

错!

非常容易理解, 分分钟学会, 只要记住一个求和套路。

=SUMPRODUCT((条件 1) * (条件 2) *……* 求和区域)

（1）如图 6-56 所示, 统计科室的数量。

在 G2 输入公式, 并双击填充公式。

=SUMPRODUCT(($B$2:$B$26=F2)*$D$2:$D$26)

（2）如图 6-57 所示, 统计科室和领用用品的数量。

图 6-56　科室的数量　　　　图 6-57　科室和领用用品的数量

在 K2 输入公式, 并双击填充公式。

=SUMPRODUCT(($B$2:$B$26=I2)*($C$2:$C$26=J2)*$D$2:$D$26)

简单吧？轻轻一套，单条件求和与双条件求和就搞定了。

还有呢，往下看。

（3）如图 6-58 所示，统计每个月份的数量。

在 M2 输入公式，并双击填充公式。

```
=SUMPRODUCT((MONTH($A$2:$A$2
6)=M2)*$D$2:$D$26)
```

MONTH 函数就是提取日期的月份，另外与这个函数相关的是 DAY 函数（提取日期的天数）、YEAR 函数（提取日期的年份）。

	A	B	C	D	E	M	N
1	日期	科室	领用用品	数量		月份	数量
2	2016-3-1	投资处	订书机	15		3	
3	2016-3-3	核算处	订书机	14		4	
4	2016-3-5	财务处	签字笔	19		5	
5	2016-3-7	综合处	回形针	29			
6	2016-3-9	投资处	订书机	29			
7	2016-3-10	核算处	订书机	14			
8	2016-3-11	财务处	签字笔	19			
9	2016-3-11	综合处	回形针	29			
10	2016-3-13	投资处	订书机	29			
11	2016-4-1	交通处	签字笔	7			
12	2016-4-4	综合处	签字笔	16			
13	2016-4-4	综合处	签字笔	16			
14	2016-4-5	核算处	签字笔	18			
15	2016-4-5	核算处	签字笔	18			

 图 6-58　每个月份的数量

课后练习

如图 6-59 所示，统计每个科室各年份的数量。

	A	B	C	D	E	F	G	H
1	日期	科室	领用用品	数量		科室	2016	2017
2	2016-3-1	投资处	订书机	15		投资处	51	7
3	2016-3-3	核算处	订书机	14		核算处	32	58
4	2016-3-5	财务处	签字笔	19		财务处	47	28
5	2016-3-7	综合处	回形针	29		综合处	66	37
6	2016-3-9	投资处	订书机	29		交通处	8	24
7	2016-3-10	核算处	订书机	14				
8	2016-4-7	交通处	签字笔	8				
9	2016-4-9	综合处	A4纸	26				
10	2016-5-1	综合处	A4纸	11				
11	2016-5-5	财务处	A4纸	25				
12	2016-5-5	投资处	A4纸	7				
13	2016-5-7	核算处	回形针	4				
14	2016-5-9	财务处	回形针	3				
15	2017-4-5	核算处	签字笔	18				
16	2017-4-5	核算处	签字笔	18				

图 6-59　每个科室各年份的数量

Day47 让人愉悦的计数套路

SUMPRODUCT 函数不仅可以求和，还能计数。

非常容易理解，分分钟学会，只要记住一个计数套路。

```
=SUMPRODUCT((条件1)*(条件2)*……*(条件n))
```

（1）如图 6-60 所示，统计每个科室出现的次数。

在 G2 输入公式，并双击填充公式。

```
=SUMPRODUCT(($B$2:$B$26=F2)*1)
```

单条件计数公式比较特殊，需要详细解释一下。

别忘了解读公式"神器"——F9 键，这时就派上用场了。

图 6-60　科室出现的次数

解读公式的良好习惯是把区域改小，不要傻傻地直接按 F9 键，那样会直接把你看晕！

```
=SUMPRODUCT(($B$2:$B$6=F2)*1)
```

如图 6-61 所示，在编辑栏选择 ($B$2:$B$6=F2) 这部分，按 F9 键。

图 6-61　解读公式 1

如图 6-62 所示，区域 $B$2:$B$6 中等于条件 F2 的就返回 TRUE，否则返回 FALSE。

图 6-62　解读公式 2

如图 6-63 所示，逻辑值是不能直接求和的，需要通过运算将逻辑值转换成数值才可以。

图 6-63　解读公式 3

```
TRUE*1=1
FALSE*1=0
```

区域 $B$2:$B$6 中刚好有 2 个是"投资处"，与公式计算一样。

解读完记得按 Esc 键，将公式返回原来的样子，区域也要重新改回来，否则会出错，切记！

（2）如图 6-64 所示，统计科室领用用品的次数。

图 6-64　科室领用用品的次数

在 K2 输入公式，并双击填充公式。

```
=SUMPRODUCT(($B$2:$B$26=I2)*($C$2:$C$26=J2))
```

知识扩展：

如图 6-65 所示，统计每个月的次数，区域引用整列出错。

图 6-65　引用整列出错

在使用 SUMPRODUCT 函数的时候，区域千万不要引用整列，这是一个非常不好的习惯！

不要贪图一时方便，正确的使用方法是在 N2 输入下面的公式，双击填充公式。

```
=SUMPRODUCT((MONTH($A$2:$A$26)=M2)*1)
```

如果以后数据会增加，这时可以把区域改大一点，同时增加一个条件判断单元格为非空。

```
=SUMPRODUCT((MONTH($A$2:$A$999)=M2)*($A$2:$A$999<>""))
```

课后练习

如图 6-66 所示，统计各年份各科室出现的次数。

	A	B	C	D	E	F	G	H
1	日期	科室	领用用品	数量		年份	科室	次数
2	2016-3-1	投资处	订书机	15		2016年	投资处	3
3	2016-3-3	核算处	订书机	14		2016年	核算处	3
4	2016-3-5	财务处	签字笔	19		2016年	财务处	3
5	2016-3-7	综合处	回形针	29		2016年	综合处	3
6	2016-3-9	投资处	订书机	29		2016年	交通处	1
7	2016-3-10	核算处	订书机	14		2017年	投资处	1
8	2016-4-7	交通处	签字笔	8		2017年	核算处	4
9	2016-4-9	综合处	A4纸	26		2017年	财务处	2
10	2016-5-1	综合处	A4纸	11		2017年	综合处	2
11	2016-5-5	财务处	A4纸	25		2017年	交通处	3
12	2016-5-5	投资处	A4纸	7				
13	2016-5-7	核算处	回形针	4				
14	2016-5-9	财务处	回形针	3				
15	2017-4-5	核算处	签字笔	18				
16	2017-4-5	核算处	签字笔	18				

图 6-66 年份各科室出现的次数

Day48 VLOOKUP 函数一篇就够

扫一扫看视频

1. 根据姓名查找职业

 卢子：如图 6-67 所示，这里有一份人员信息对应表，如何通过姓名查找对应的职业？

木木：这个我想到了 2 种方法：

（1）复制姓名，然后用查找功能，
找到对应值，粘贴上去。

（2）复制姓名，然后用筛选功能，
筛选出对应值，粘贴上去。

图 6-67　人员信息对应表

卢子：现在的姓名只有 5 个，用不了 2 分钟就搞定，如果是 500 个、5000 个呢？

木木：那我就只有躲在墙角哭的份，这么多，加班加点的节奏。

卢子：这时就是 VLOOKUP 函数彰显神威的时刻。有这么一句话形容 VLOOKUP 函
　　　数：自从学了 VLOOKUP 函数，腿也不疼了，腰也不酸了，吃嘛嘛香，身体
　　　倍儿棒！

木木：疗效这么好，我也想学一学！

卢子：这个函数有点难，有 4 个参数，我先慢慢跟你说。

VLOOKUP 函数语法如图 6-68 所示。

=VLOOKUP(① 查找值, ② 在哪个区域查找, ③ 返回区域中第几列, ④ 匹配方式（精确/模拟））

根据查找值返回对应值

图 6-68　VLOOKUP 函数语法

如图 6-69 所示，用实例来说明会更加清楚。

图 6-69　图解 VLOOKUP 函数

木木：这个图多看 2 遍，发觉我都能看懂了。

2. 根据姓名按顺序查找多列对应值

卢子：既然你都会了，那我就来考考你。如图 6-70 所示，如何根据姓名，依次返回性别、公司名称、职业、学历？

姓名	性别	公司名称	职业	学历		姓名	性别	公司名称	职业	学历	
徐新凯	女	王山实业有限公司	行政	高中		王芳芳					
杨爱丽	女	东南实业	行政	初中		覃艳					
王军	男	坦森行贸易	财务	小学		王军					
吴晓静	女	国顶有限公司	行政	大专		吴晓静					
周慧慧	女	通恒机械	品质	大专		周慧慧					
张银红	女	森通	品质	大专							
李峰	男	国皓	财务	大专							
陆国峰	男	迈多贸易	财务	初中							
吴国辉	男	祥通	财务	初中							
孔祥龙	男	广通	生产	高中							
顾菁菁	男	光明奶业	生产	大专							
徐洪奎	男	威航货运有限公司	财务	小学							
顾炳年	男	三捷实业	行政	大专							
朱美蓉	女	浩天旅行社	财务	大专							
金睿梅	女	同恒	品质	小学							

图 6-70　多条件查询

木木：这个难不倒我。

查找的值：G2；

要查找的区域：A:E；

匹配方式：0（精确查找）。

唯一不同的是，返回区域的第几列，分别是 2,3,4,5。

H2 的公式为：

```
=VLOOKUP(G2,A:E,2,0)
```

I2 的公式为：

```
=VLOOKUP(G2,A:E,3,0)
```

J2 的公式为：

```
=VLOOKUP(G2,A:E,4,0)
```

K2 的公式为：

```
=VLOOKUP(G2,A:E,5,0)
```

卢子：不错，这也是一种方法。因为 VLOOKUP 函数的其他 3 个参数都是固定的，只有一个变动，这时也可以借助其他方法来完成。

要返回列号，其实可以借助于 COLUMN 函数。这个函数非常简单，就只有一个参数。如图 6-71 所示，在任意单元格输入公式，然后右拉，就可以自动生成 1～N。

```
=COLUMN(A1)
```

1	2	3	4	5
=COLUMN(A1)	=COLUMN(B1)	=COLUMN(C1)	=COLUMN(D1)	=COLUMN(E1)

图 6-71　借助 COLUMN 函数生成序号

如果你细心的话，可以看到一个问题，就是里面的参数 A1，向右拖动公式的时候会变成 B1、C1、D1、E1，也就是不固定下来。同理，VLOOKUP 函数的第一参数如果跟着一起向右拖动公式也会改变，那怎么处理呢？

木木：这个好像用什么引用方式就可以，以前用过，现在不记得了。

卢子：如图 6-72 所示，输入公式后，不要急着按 Enter 键。先选择 G2，然后按 F4 键，注意观察编辑栏的变化，这时自动添加了美元符号（$）。

如图 6-73 所示，通过不断地切换 F4 键，会分别改变美元符号（$）的位置。

图 6-72　F4 键的使用方法

图 6-73　切换 F4 键的效果

最终公式为：

```
=VLOOKUP($G2,$A:$E,COLUMN(B1),0)
```

这个美元符号（$）有什么作用呢？如图 6-74 所示。

（1）相对引用：就是行列都不给美元符号，这样公式复制到哪里，哪里就跟着变。

（2）绝对引用：行列都给美元符号，不管怎么复制公式，就是不会变。

（3）混合引用：只给行或者列美元符号，给行美元符号，行不变；给列美元符号，列不变。

图 6-74　美元符号的作用

3. 根据公司简称获取电话号码

卢子：如图 6-75 所示，很多时候，我们输入公司名称都不会按全名输入，只是输入简称而已，如威航货运有限公司，就输入"威航货运"，现在要如何根据简称获取电话号码？

	A 公司名称	B 电话	C	D 公司简称	E 电话	F
1	公司名称	电话		公司简称	电话	
2	王山实业有限公司	30074321		威航货运		
3	东南实业	35554729		国顶		
4	坦森行贸易	5553932		森通		
5	国顶有限公司	45557788		国皓		
6	通恒机械	9123465		三捷		
7	森通	30058460				
8	国皓	88601531				
9	迈多贸易	85552282				
10	祥通	91244540				
11	广通	95554729				
12	光明奶业	45551212				
13	威航货运有限公司	11355555				
14	三捷实业	15553392				
15	浩天旅行社	30076545				
16	同恒	35557647				

图 6-75　根据公司简称获取电话号码

木木：原来大家都这么懒，以为只有我一个人这么做。前面说过如果 VLOOKUP 函数第四参数设置为 1 就是模糊查找，应该是利用这个特点来完成的。

如图 6-76 所示，在 E2 输入公式，并向下填充公式。

```
=VLOOKUP(D2,A:B,2,1)
```

图 6-76　错误的查询方法

怎么回事，结果成了这样呢？

卢子：VLOOKUP 函数的模糊匹配不是这么用的，而是运用在其他场合，等一下再和你说。这里涉及一个新知识点，就是通配符的使用。

在 Excel 中有两种通配符，分别是星号（*）和问号（?）。

- 星号（*）代表所有字符。
- 问号（?）代表一个字符。

我举个例子说明一下，我的全名"陈锡卢"是 3 个字符，"卢"是最后一个字，这时可以这么表示：?? 卢。

如果我现在没有给你提示是多少个字符，也就是有可能是 2 个、3 个或 4 个，这时就得用：* 卢。

因为是让你猜全名，所以前面的字符都是不确定的，也就是会用到通配符。

木木：貌似懂了一点，你再说说这个具体如何使用？

卢子：回到实际例子，威航货运要查找威航货运有限公司对应的电话，就得用"威航货运 *"，也就是说查找第一个可以用：

```
=VLOOKUP(" 威航货运 *",A:B,2,0)
```

但总不能每个都改一下吧，这时就得利用一个文本连接符 &，将单元格和星号（*）连接起来。这个就像月老一样，给男女牵线，合在一起！

```
=" 男 "&" 女 "=" 男女 "
```

综合起来就是：

```
=VLOOKUP(D2&"*",A:B,2,0)
```

木木：这样子啊，懂了。

4. 模糊匹配获取等级

卢子：现在和你说说 VLOOKUP 函数的模糊匹配是怎么用的。

如图 6-77 所示，这个一般用在区间的查找上，比如根据区间查找等级。

图 6-77　根据区间查找等级

在 G2 输入公式，并下拉填充公式。

```
=VLOOKUP(F2,A:C,3,1)
=VLOOKUP(F2,A:C,3)
```

木木：哦，现在我懂了。

知识扩展：

如图 6-78 所示，根据
年份和科室两个条件查找
金额。

图 6-78　多条件查找对应值

多条件查找对于高手来说，都是使用数组公式一步到位，不过看起来挺头晕的。

```
=VLOOKUP(E2&F2,IF({1,0},A:A&B:B,C:C),2,0)
```

什么是数组公式？

就是需要按 Ctrl+Shift+Enter 三键结束的公式，很难学的。

如图 6-79 所示，不过我们可以换一个思路，在单元格内先用辅助列将内容合并起来，然后用 VLOOKUP 函数解决。

辅助列就类似于我们以前读书的时候做数学题一样，经常会用到辅助线，简化运算过程。

在 H2 输入公式，并双击填充公式。

图 6-79　辅助列

```
=VLOOKUP(F2&G2,C:D,2,0)
```

有了辅助列，即使再多条件都通通可以搞定。

课后练习

如图 6-80 所示，根据电话查找公司名称。

	A	B	C	D	E
1	公司名称	电话		电话	公司名称
2	王山实业有限公司	30074321		11355555	威航货运有限公司
3	东南实业	35554729		35554729	东南实业
4	坦泰行贸易	5553932		30076545	浩天旅行社
5	国顶有限公司	45557788		45557788	国顶有限公司
6	通恒机械	9123465			
7	森通	30058460			
8	国皓	88601531			
9	迈多贸易	85552282			
10	祥通	91244540			
11	广通	95554729			
12	光明奶业	45551212			
13	威航货运有限公司	11355555			
14	三捷实业	15553392			
15	浩天旅行社	30076545			
16	同恒	35557647			

图 6-80　根据电话查找公司名称

Day49　VLOOKUP 函数你知错了吗

扫一扫 看视频

运用上一篇所讲知识，基本上有关查询的问题都可以解决，不过里面提到的都是正确的做法，而错误的做法却只字未提。今天就来聊一聊那些错误的做法，你都知道吗？一起来看看。

用法错误篇

如图 6-81 所示，根据左边的销售明细表查询年终奖的 3 种最常用错误用法。

错误 1：如图 6-82 所示，区域没锁定，下拉的时候区域就自动改变，从而出错。

```
=VLOOKUP(F2,A1:D9,4,0)
```

锁定区域，需要加美元符号，美元符号给了区域就固定不变。

图 6-81　3 种常用错误

图 6-82　区域没锁定

正确用法：

```
=VLOOKUP(F2,$A$1:$D$9,4,0)
```

错误 2：选定的区域，首列没有包含查询值。

```
=VLOOKUP(F8,$A$1:$D$9,4,0)
```

正确的用法如图 6-83 所示，区域需要从包含销售员这一列开始，记住，查询是根据这一列进行首列查询。

```
=VLOOKUP(F8,$B$1:$D$9,3,0)
```

图 6-83　首列查询

错误 3：第 3 参数返回的列超出区域。

```
=VLOOKUP(F13,$B$1:$D$9,4,0)
```

B 到 D 列才 3 列，你居然要返回第 4 列的值，肯定给你报错。
正确的用法：

```
=VLOOKUP(F13,$B$1:$D$9,3,0)
```

知识扩展：查无对应值

查无对应值又分成两种情况，一
种是本身就不存在，一种是格式不同。
如图 6-84 所示，本身就不存在。

图 6-84　本身不存在

"卢子"不在这个明细表里，所以返回错误。针对这种情况，可以嵌套一个容错函
数 IFERROR。

```
=IFERROR(VLOOKUP(F2,$B$1:$D$9,3,0),"")
```

而格式不同又分成两种，数值格式查找文本格式和文本格式查找数值格式。
如图 6-85 所示，按数值工号查找文本工号。

```
=VLOOKUP(F2,$A$1:$D$9,4,0)
```

数值转变成文本，可以通过 &"" 来实现。

```
=VLOOKUP(F2&"",$A$1:$D$9,4,0)
```

如图 6-86 所示，按文本工号查找数值工号。

```
=VLOOKUP(F2,$A$1:$D$9,4,0)
```

图 6-85　数值工号查找文本工号　　　图 6-86　文本工号查找数值工号

文本转变成数值，可以通过 -- 来实现，负负得正，通过运算文本就变成数值。

```
=VLOOKUP(--F2,$A$1:$D$9,4,0)
```

课后练习

如图 6-87 所示，很奇怪的现象，明明销售员有对应值，公式也正确，但却出错了，你知道原因吗？

图 6-87　明明有对应值却出错

Day50　更轻松的查询套路

扫一扫看视频

VLOOKUP 函数是 Excel 中的"大众情人"，人见人爱，居然还有比它更棒的，究竟是谁？给我站出来！

不急，慢慢来，在这之前先认识一个"垃圾"函数——LOOKUP。

这个 LOOKUP 函数有什么好学的？帮助都提到，如果区域没升序可能会导致出错，既然这样，那作用明摆着就很小。

帮助：为了使 LOOKUP 函数能够正常运行，必须按升序排列查询的数据。 如果无法使用升序排列数据，则考虑使用 VLOOKUP、HLOOKUP 或 MATCH 函数。

说到"垃圾"，就是微软给 LOOKUP 函数的标签。

（1）如图 6-88 所示，根据成绩的区间判断等级。判断依据：成绩小于 60 不及格，大于等于 60 小于 70 及格，大于等于 70 小于 80 良好，大于等于 80 优秀。

	A	B	C	D
1	工号	姓名	成绩	等级
2	20150001	李飞	55	
3	20150002	王帅	99	
4	20150003	张华	70	
5	20150004	王祥	97	
6	20150005	李楠	78	
7	20150006	张洋	59	
8	20150007	武天	42	
9	20150008	罗燕	28	
10				

图 6-88　判断等级

在 D2 输入公式，双击填充公式。

```
=LOOKUP(C2,{0,"不及格";60,"及格";70,"良好";80,"优秀"})
```

这一点跟 VLOOKUP 函数的模糊查找其实是一样的。

（2）查找最后一个成绩和最后一个姓名。

最后一个数字用：

```
=LOOKUP(9E+307,C:C)
```

最后一个文本用：

```
=LOOKUP("座",B:B)
```

这个 9E+307 和 "座" 是什么意思？

先来看下面几条公式：

```
=LOOKUP (10,{4;9;6;1;7;5;6;4;6;8}), 返回 8
=LOOKUP (100,{4;9;6;1;7;5;6;4;6;8}), 返回 8
=LOOKUP (1000,{4;9;6;1;7;5;6;4;6;8}), 返回 8
```

也就是说，LOOKUP 函数查找到最后一个满足条件的值，在数字不确定的情况下，查找的值越大越能保证查找到的值的准确性。

9E+307 一个很大很大的数字，Excel 允许最大的数字不能超过 15 位，而 9E+307 是 9 乘以 10 的 307 次方，比最大值还要大，查找最后一个值相当保险。

而"座"是一个接近最大的文本，虽然还有比"座"还大的文本，但正常情况下不会出现，所以写"座"就能查找到最后一个文本。

总结起来，查找最后满足条件的数字用 9E+307，查找最后满足条件的文本用"座"。重点强调，是查找最后满足条件的值，不是查找最大值。

（3）如图 6-89 所示，查询产品当前的价格。

图 6-89　产品市场价格

使用公式：

```
=LOOKUP(TODAY(),A2:B13)
```

正常情况下，产品的价格会经常波动，当前的价格也就是今天之前的价格，今天就用 TODAY 函数，借助 LOOKUP 函数以大查小的特点就可以找到最后一个日期对应的价格。

（4）如图 6-90 所示，填充合并单元格的内容。

图 6-90　填充合并单元格的内容

在 A2 输入公式，下拉填充公式。

```
=LOOKUP(" 座 ",$B$2:B2)
```

按照微软的说法，LOOKUP 函数能做的大概就这几个了，但 LOOKUP 函数岂能被微软看衰！

看到 LOOKUP 函数有时会想起卢子本人，因为学历问题很多时候被人看不起，不过我依然坚强地活着，而且比很多人想象中的还好。其实 LOOKUP 函数比你想象中要好一万倍！

知识扩展：

（1）如图 6-91 所示，逆向查询，根据电话，查找公司名称。

	A	B	C	D	E
1	公司名称	电话		电话	公司名称
2	王山实业有限公司	30074321		11355555	威航货运有限公司
3	东南实业	35554729		35554729	东南实业
4	坦森行贸易	5553932		30076545	浩天旅行社
5	国顶有限公司	45557788		45557788	国顶有限公司
6	通恒机械	9123465			
7	森通	30058460			
8	国皓	88601531			
9	迈多贸易	85552282			
10	祥通	91244540			
11	广通	95554729			
12	光明奶业	45551212			
13	威航货运有限公司	11355555			
14	三捷实业	15553392			
15	浩天旅行社	30076545			
16	同恒	35557647			

图 6-91　根据电话查找公司名称

现代的阅读习惯都是从左到右，与古代不同。VLOOKUP 函数很好用，如果要逆序查找，也就是从右到左，相对比较麻烦。传说中可以借用 IF({1,0},,) 组合来实现，不过要花费九牛二虎之力，吃力不讨好。这时它的"兄弟"——LOOKUP 函数就派上了用场，借助这个函数能轻而易举地办到。LOOKUP 函数不区分正常顺序和逆序，用在这里再合适不过。

在 E2 输入公式，双击填充公式。

```
=LOOKUP(1,0/($B$2:$B$92=D2),$A$2:$A$92)
```

LOOKUP 函数查询的经典语法：

```
=LOOKUP(1,0/((条件1)*(条件2)*...*(条件n)),返回区域)
```

与 SUMPRODUCT 函数的求和套路非常像。

```
=SUMPRODUCT((条件1)*(条件2)*...*求和区域)
```

（2）如图 6-92 所示，多条件查找，根据"年份"和"科室"两个条件查找金额。

图 6-92　多条件查找

前面我们用 VLOOKUP 函数解决，不过需要借助辅助列才能完成。

LOOKUP 函数有查询的通用公式，直接套上去，轻轻松松搞定，不伤脑筋。

`=LOOKUP(1,0/(($A$2:$A$11=E2)*($B$2:$B$11=F2)),$C$2:$C$11)`

万般皆"套路"！

课后练习

如图 6-93 所示，根据姓名依次查找所有列的对应值。

图 6-93　根据姓名依次查找所有列的对应值

Day51　INDEX ＋ MATCH 鸳鸯蝴蝶剑

INDEX 函数返回表格或区域中的值或值的引用。用白话来讲，就是你只要告诉我一个地址，我就能找到你。该函数图解如图 6-94 所示。

第 1 参数可以是一个区域，也可以是一行或者一列。

返回 B2:B9 的第 5 行，也就是 A004。

```
=INDEX(B2:B9,5)
```

返回 B2:F2 的第 3 列，也就是材料名称。

```
=INDEX(B2:F2,3)
```

返回 B2:F9 的第 5 行，第 3 列，也就是乳胶漆。

```
=INDEX(B2:F9,5,3)
```

MATCH 函数在一组值中查找指定值的位置，函数图解如图 6-95 所示。

图 6-94　INDEX 函数图解

图 6-95　MATCH 函数图解

90% 的情况下都是用精确查找，也就是第 3 参数设置为 0。第 3 参数如为 -1 或者 1，则是模糊查找。

VLOOKUP 函数作为函数界的 "武林霸主" 之一，一直傲视群雄，其实它也并非所向披靡，比如下面这个案例，根据销售员查找对应的工号，如图 6-96 所示。

✏️ 图 6-96　根据销售员查找对应的工号

我们知道它的查找值必须位于查找区域的首列，这就决定了一般来说它只能实现从左到右进行查找。虽然也能通过 IF｛1，0｝的模式间接实现从右往左的反向查找，但是需要耗费很长时间。而此事对于 INDEX+MATCH 来说，却是易如反掌。

在 G2 输入公式，双击填充公式。

```
=INDEX(A:A,MATCH(F2,B:B,0))
```

如图 6-97 所示，根据销售员查找对应季度的销量。

✏️ 图 6-97　根据销售员查找对应季度的销量

在 J2 输入公式，双击填充公式。

```
=INDEX(A:F,MATCH(H2,A:A,0),MATCH(I2,$A$1:$F$1,0))
```

知识扩展：

如图 6-98 所示，MATCH 函数查找对应值的时候，如果区域中有多个对应值，只返回第一次出现的位置。

图 6-98　多个相同值的处理

课后练习

如图 6-99 所示，商品一段时间一个单价，根据价格对应表，查找每个商品的价格。

图 6-99　查询单价

Day52　字符合并和分离基础篇

扫一扫 看视频

卢子：如图 6-100 所示，国有国法，群有群规，有很多群，你进去后都要重新更改备注名字。比如我自己，通常这样设置群名：G-海珠-卢子，性别-地名-网名。现在要如何将这些字段分成 3 列显示，分别获取性别、地名、网名？

木木：这样写备注挺好的，一眼就知道你在哪里工作，是男还是女。如图 6-101 所示，如果让我来做这个，直接用分列，分隔符号选择"其他"，输入"-"就搞定了。

图 6-100　获取性别、地名、网名

图 6-101　按 - 分列

卢子：这种方式确实是最方便的，但是却有一个缺点，就是当数据源更新的时候不会自动更新，得重新分列一次才可以，而这一点函数却能智能办到。

性别就是左边 1 位，提取左边的函数用 LEFT，如图 6-102 所示。函数语法：

```
=LEFT(A2,1)
```

在 B2 输入公式，并下拉填充公式。

默认情况下，第 2 参数省略就是提取 1 位，也可以这样写公式：

```
=LEFT(A2)
```

再看网名，这个是从右边提取。与 LEFT 函数相反的就是 RIGHT 函数，如图 6-103 所示，语法与 LEFT 函数一样。

图 6-102　LEFT 函数语法

图 6-103　RIGHT 函数语法

木木：这样啊，那这个我来做。

在 D2 输入公式，并下拉填充公式。

```
=RIGHT(A2,2)
```

卢子：不错，就是这样。再说提取地名，也就是提取中间的文本，用 MID 函数，其语法如图 6-104 所示。

这个函数的差别在于多一个参数，开始位置，也就是从哪一位开始提取的。地名都是从第 3 位开始，提取 2 位。

在 C2 输入公式，并下拉填充公式。

```
=MID(A2,3,2)
```

如图 6-105 所示，现在将 G-海珠 - 卢子改成 G- 潮州 - 卢子，效果立马更新，这是技巧做不到的。

=MID(① 字符串, ② 开始位置, ③ 提取N位)

从中间提取N位

图 6-104　MID 函数语法

图 6-105　自动更新结果

木木：看来这几个函数还是有点用途的。

卢子：刚刚的人员信息规律性非常强，一眼就看出来。但现实中，很多信息都是不统一的，比如我的理财群，网名＋职业，如图 6-106 所示，网名字符数不确定，有多有少，职业字符数也不确定，这种情况又是如何提取呢？

木木：这种高难度的我不会。

卢子：虽然网名的字符数不确定，但其实还是有规律的，就是在网名后面都是有分隔符号"-"，也就是提取"-"前面 1 位就行。现在的难点是如何确认这个"-"的位置？

如图 6-107 所示，查找文本在字符串中的位置有一个专门的函数 FIND，其语法如下：

图 6-106　提取网名与职业

图 6-107　FIND 函数语法

```
=FIND("-",A2)
```

如图 6-108 所示，这样就可以轻松获取 "-" 的位置。

图 6-108　获取 "-" 的位置

网名的字符数就是：

```
=FIND("-",A2)-1
```

提取左边的字符用 LEFT 函数，合并起来就是：

```
=LEFT(A2,FIND("-",A2)-1)
```

职业的起始位置是 "-" 的位置 +1 位，也就是：

```
=FIND("-",A2)+1
```

虽然职业的长度并不确定，但是职业在最后面，只要提取的字符数大于职位的总长度就可以提取到，也就是说，我们可以将提取的长度写为 4。

综合起来就是：

```
=MID(A2,FIND("-",A2)+1,4)
```

木木：怎么感觉在考数学题一样，有点晕晕的？

卢子：确实，不过还好，这些都是简单的四则运算。你如果不懂的话，可以自己先
　　　数一数，多数几次就懂了。

如图 6-109 所示，有分就有合，现在
如何将拆分的网名与职业合并起来呢？

图 6-109　合并网名与职业

木木：还真折腾，一下子分，一下子合。

卢子：学习 Excel 就得折腾，才能学好。
　　　每次折腾一下，都可以学到新
　　　的技能。这里就要用到一个连
　　　字符"&"，语法很简单，如
　　　图 6-110 所示。

=文本1&文本2&……&文本n

将文本组合起来

图 6-110　"&"语法

这样就可以将内容合并起来：

```
=A2&B2
```

如果中间想加"-"，就可以用：

```
=A2&"-"&B2
```

"&"类似于月老，专门给人牵红线。要想将两个人合在一起，就用红绳绑住对方。

知识扩展：

当合并的单元格比较多的时候，用"&"就会显得烦琐点，这时用 PHONETIC 函数最适合，如图 6-111 所示。

图 6-111　合并多单元格内容

当然这个函数本身也有限制，只能连接文本，数字的无法连接，这也是一个遗憾，如图 6-112 所示。

图 6-112　无法连接数字

用合适的方法做合适的事，如果是多单元格的文本连接首选PHONETIC函数，如果包含数字用 & 连接。

不过 Office 365 来了以后，这些都不是问题，借助 2 个神奇的新函数任何内容都可以合并。

如图 6-113 所示，借助 CONCAT 函数合并数字。

图 6-113　合并数字

如果数字中间还想加一个分隔符号，也能轻松实现。

如图 6-114 所示，借助 TEXTJOIN 函数实现，第一参数就是使用的分隔符号。

图 6-114　按分隔符号合并

 课后练习

如图 6-115 所示，从身份证号码中提取出生日期。

图 6-115　提取出生日期

Day53　字符合并和分离提高篇

扫一扫 看视频

接上一篇继续聊字符合并和分离。

（1）如图 6-116 所示，在一堆字符串中，左边是文字，右边是数字，看字数长度又不确定，如何将两者分离开？

在 B2 单元格输入公式，并双击填充公式。

```
=LEFT(A2,LENB(A2)-LEN(A2))
```

在 C2 单元格输入公式，并双击填充公式。

图 6-116　文字和数字分离

```
=RIGHT(A2,2*LEN(A2)-LENB(A2))
```

LEN 函数用于统计字符数。它有一个带 B 的兄弟——LENB函数，语法跟 LEN 函数一样，但作用略有差异。LENB 函数是统计字节数，文字按 2 字节算，数字按 1 字节算。根据这个特点就可以进行公式设置。

如图 6-117 所示，文字的个数就是总字节减去总字符数，比如广东电信 10000，总字节数就是 13，而总字符数是 9，因为每个文字都多出一个字节，13-9=4 就刚刚好是 4 个文字。

文字的提取，在 B2 单元格输入公式，并双击填充公式。

```
=LENB(A2)-LEN(A2)
```

因为文字在左边，就用 LEFT 函数提取。

而数字的个数，就是总字符数减去文字的字符数，也就是：

```
=LEN(A2)-文字数=LEN(A2)-(LENB(A2)-LEN(A2))=2*LEN(A2)-LENB(A2)
```

其实很多时候计算都跟数学差不多，如果稍微有点数学基础，学习函数嵌套会更有帮助。

知道了数字个数，因为是从右边提取，就可以直接嵌套 RIGHT 函数。

数字的提取，在 C2 单元格输入公式，并双击填充公式。

```
=RIGHT(A2,2*LEN(A2)-LENB(A2))
```

（2）如图 6-118 所示，在规格中间都有一些数字，如何将这些数字提取出来？

图 6-117　计算过程

图 6-118　规格中提取数字

这些数字看似没规律，但只要细心观察还是能找到规律的。

规格都是以"1×"开头，也就是从第 3 位开始提取。

规格后面都是单位，文字单位为 1 个字符，而英文单位为 2 个字符。英文其实和数字一样，字节数都是 1，也就是说 2 个字符的英文等同 1 个文字，所以说单位的字节数也是一样。

从中间提取可以用 MID 函数，但这个函数是与字符数有关，而不是字节。要根据字节提取，需要用到 MIDB 函数，其实说白了，凡是带 B 的函数都是与字节有关。中间开始的位置为 3，而要提取的总长度，就是总字节数减去开头的 1× 和单位，开头和单位都是 2 个字节，加起来就是 4 个字节，也就是：

```
=LNEB(B2)-4
```

在 C2 单元格输入公式，并双击填充公式。

```
=MIDB(B2,3,LENB(B2)-4)
```

知识扩展：

如图 6-119 所示，有的人因为工作需要会保留着不止一个联系号码，但通常情况下我们只需要其中一个，现在要获取最后面的号码，该如何做？

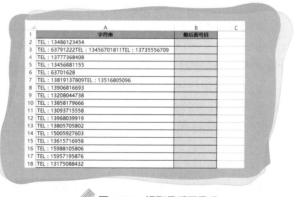

图 6-119　提取最后面号码

这个例子与前面有点类似，只是里面的文字换成了英文字母，而字母和数字是没法借助字节和字符这些特点来提取的，也就是带 B 的函数一概派不上用场。

现在全部是单字节，不能依据字节数和字符数的特点来提取。这时就是见证奇迹的时刻！

在 B2 单元格输入公式，并双击填充公式。

```
=-LOOKUP(1,-RIGHT(A2,ROW($1:$15)))
```

ROW 函数现在我们已经很熟悉了，就是获取行号，ROW($1:$15) 获取 1 ～ 15 行。现在看看 RIGHT 的语法：

```
=RIGHT(文本,提取右边 N 位)
=RIGHT(A2,1) 得到 9
=RIGHT(A2,2) 得到 09
=RIGHT(A2,3) 得到 709
=RIGHT(A2,4) 得到 6709
...
=RIGHT(A2,11) 得到 13735556709
...
=RIGHT(A2,15) 得到 EL3：13735556709
=RIGHT(A2,ROW($1:$15))
```

如图 6-120 所示，也就是获取右边 1 ～ 15 位，要看一个公式的运算结果，可以在编辑栏用鼠标指针选择公式，这时背景色会变化，俗称抹黑。

图 6-120　抹黑

按 F9 键，即可在编辑栏看到运算结果。

```
={"4";"54";"454";"3454";"23454";"123454";"6123454";"86123454";
"486123454";"3486123454";"13486123454";": 13486123454";"L:
13486123454";"EL: 13486123454";"TEL: 13486123454"}
```

因为这是多个结果，所以不能直接在一个单元格显示，需要借助 F9 键查看才行。

```
=-RIGHT(A2,ROW($1:$15))
```

就是将数字变成负数，文本变成错误值，同样在编辑栏选择公式抹黑，按 F9 键查看结果。

```
={-9;-9;-709;-6709;-56709;-556709;-5556709;-35556709;-735556709;
-3735556709;-13735556709;#VALUE!;#VALUE!;#VALUE!;#VALUE!}
```

现在用 1 在这些由负数和错误值组成的数组中查询对应值，因为 LOOKUP 函数会忽略错误值，再加上每个数字都会比 1 小，从而返回最后一个满足条件的值，这样就会提取到最后一个数字 –13735556709。

```
=LOOKUP(1,-RIGHT(A2,ROW($1:$15)))
```

既然将数字变成负数，就得想办法将它复原，再加一个负号就可以，负负得正。

```
=-LOOKUP(1,-RIGHT(A2,ROW($1:$15)))
```

为什么要提取 1 ～ 15 位而不是提取 1 到更多位呢？

因为 Excel 允许的最大数字刚好是 15 位，提取再多也没有意义，只要保证能提取到全部数字就行。其实手机号是 11 位，将 15 换成 11 也可以得到正确结果。

课后练习

如图 6-121 所示，根据前面所学技能，至少用 3 种方法提取月份中的数字。

图 6-121　提取数字

Day54 SUBSTITUTE 和 REPLACE 函数的运用

卢子：如图 6-122 所示是用替换实现的效果，木木你懂得如何操作吗？

	A	B
1	原始文本	效果
2	我喜欢Excel，我喜欢Excel不加班	我爱Excel，我爱Excel不加班
3		我喜欢Excel，我爱Excel不加班
4		

图 6-122 字符替换

木木：这个借助于替换功能我可以实现第 1 种效果，第 2 种效果就不知道如何实现了。

卢子：常规的替换功能有一些局限性，借助 SUBSTITUTE 函数却可以实现很多直接替换无法实现的功能。

将"喜欢"替换成"爱"：

=SUBSTITUTE(A2,"喜欢","爱")

将第 2 个"喜欢"替换成"爱"：

=SUBSTITUTE(A2,"喜欢","爱",2)

SUBSTITUTE 函数语法：

=SUBSTITUTE（文本字符串，旧内容，新内容，[替换第几个]）

说明：省略第 4 参数表明全部替换。

实际案例，求实际原始文本中的人数，如图 6-123 所示。

	A	B
1	原始文本	人数
2	邓展鹏、田镇瑜、韩贝贝、刘宁、王亚茹	5
3	邓展鹏、田镇瑜、韩贝贝	3
4	卢子、张三	2
5	陈锡卢	1
6	卢子、张三、王五	3
7		

图 6-123 求人数

通过观察，人数就是比分隔符号"、"多 1 个。只要能统计出"、"的数量，就可以统计出实际人数。

"、"的数量就是原始文本的字符数，减去没有"、"的字符数。

如图 6-124 所示，将上面的话转换成 Excel 语言，先用 SUBSTITUTE 函数将"、"替换掉，然后用 LEN 测试原始文本的长度再减去没有"、"的文本长度，统计出来"、"的个数，人数就是"、"的个数加 1 个。

	A	B	C	D
1	原始文本	没有"、"的文本	"、"的个数	人数
2	邓展鹏、田镇瑜、韩贝贝、刘宁、王亚茹	邓展鹏田镇瑜韩贝贝刘宁王亚茹	4	5
3	邓展鹏、田镇瑜、韩贝贝	邓展鹏田镇瑜韩贝贝	2	3
4	卢子、张三	卢子张三	1	2
5	陈扬卢	陈扬卢	0	1
6	卢子、张三、王五	卢子张三王五	2	3
7				
8		使用公式：		
9		=SUBSTITUTE(A2,"、","")	=LEN(A2)-LEN(B2)	=C2+1
10				

图 6-124　运算图

将这三条公式综合起来：

```
=LEN(A2)-LEN(SUBSTITUTE(A2,"、",""))+1
```

其实公式就是这样，不断地拆分与组合，挺有意思的。

知识扩展：

　　REPLACE 也是替换函数的一种，可以替换指定位置处的任意文本。

　　REPLACE 函数语法：

```
=REPLACE（文本字符串，起始位置，替换字符的个数，新文本）
```

如图 6-125 所示，隐藏手机号码中间四位。

图 6-125　隐藏手机号码中间四位

```
=REPLACE(A2,4,4,"****")
```

如果不借助 REPLACE 函数，用其他函数难度就会大很多。

```
=LEFT(A2,3)&"****"&RIGHT(A2,4)
```

课后练习

如图 6-126 所示，从源数据第 3 位开始，添加"和卢子"这 3 个字符进去。

图 6-126　添加字符

Day55　最大值和最小值相关函数教程

扫一扫看视频

卢子：如图 6-127 所示，我们经常会看到在比赛的时候，评委评分都会去除最大值和最小值，然后求平均数，这个你懂得怎么操作吗？

木木：这个结合前面的知识点我可以做出来，先用 SUM 函数求和，然后依次用 MAX 函数求最大值，用 MIN 函数求最小值，用总和减去最大、最小值，最后除以 8 个数就搞定了。

```
=(SUM(B2:K2)-MAX(B2:K2)-MIN(B2:K2))/8
```

卢子：木木真的越来越棒了，什么问题都难不倒你，常规函数用得越来越熟！

这里给你介绍一个不是很常用的 TRIMMEAN 函数，专门用于处理这种去除异常的值。TRIMMEAN 函数语法说明如图 6-128 所示。

图 6-127　评委评分

图 6-128　TRIMMEAN 函数语法

极值比例我简单说明一下，如果要去除最大、最小值，就是去除 20%，也就是 0.2；如果要去除前 2 大、前 2 小，就是 0.4。

也就是说去掉最大和最小值后的平均值为：

```
=TRIMMEAN(B2:K2,0.2)
```

木木：原来如此简单，我还笨笨地用了那么多函数，大涨见识了！

知识扩展：

除了最大和最小值，还有第 N 大、第 N 小值。

如图 6-129 所示，获取第 2 名的销售金额。

图 6-129　第 2 名的销售金额

使用公式：

=LARGE(B2:B11,2)

LARGE 函数语法：

=LARGE（查找的区域，指定要找第几大值）

如图 6-130 所示，如果要将销售金额从大排到小可用公式：

=LARGE($B$2:$B$11,ROW(A1))

图 6-130　将销售金额从大排到小

而 SMALL 函数与 LARGE 函数完全相反，从小排到大，不过语法完全一样。
要获取倒数第 2 名的销售金额可用公式：

=SMALL(B2:B11,2)

课后练习

如图 6-131 所示，将销售金额从小到大排序。

图 6-131　销售金额从小到大排序

Day56　常用日期函数的实际运用

扫一扫 看视频

卢子：如图 6-132 所示，要将销售日期的年月日提取出来，你知道如何做吗？

	A	B	C	D
1	销售日期	年	月	日
2	2012-4-4	2012	4	4
3	2014-3-10	2014	3	10
4	2012-8-14	2012	8	14
5	2013-5-25	2013	5	25
6	2015-3-28	2015	3	28
7	2014-12-30	2014	12	30
8	2011-7-23	2011	7	23
9	2011-6-26	2011	6	26
10	2014-5-29	2014	5	29
11				

图 6-132　提取年月日

木木：这有何难？按分隔符号"-"分列就可以解决的事儿，如图 6-133 所示。

图 6-133　分列

卢子：这也是一种方法，其实也可以借助函数来实现。

年、月、日相对应的公式如下，输入后双击填充公式。

```
=YEAR(A2)
=MONTH(A2)
=DAY(A2)
```

用法很简单，就不详细说明了。

日期是整数，改成常规后它会显示一个序列号，那么这个序列号是怎么来的呢？以 1900-1-1 开始，每过一天加 1 的数字。

因此，日期还可以进行加减运算。

如图 6-134 所示，付款日期为销售日期＋ 30 天。

在 B4 单元格输入公式，并向下填充公式。

```
=A4+$B$1
```

如图 6-135 所示，日期可以拆分，也就可以合并，计算 2017 年 6 月付款日。

图 6-134　获取付款日期

图 6-135　当月付款日

在 C6 输入如下公式，并向下填充公式。

```
=DATE($A$2,$B$2,B6)
```

DATE 函数语法：

```
=DATE(年,月,日)
```

如图 6-136 所示，DATE 函数还能返回 2 月份最后一天。

图 6-136　2月份的天数

使用公式：

```
=DATE(A2,3,0)
=DAY(B2)
```

有时候我们不确定 2 月有多少天，怎么办？有种巧妙的做法，我们可以求 3 月份 0 号的值，DATE 函数知道 0 号不存在，于是便返回 3 月 1 号前一天的日期。这样我们就可以求得 2 月的最后一天，从而求得 2 月有多少天。

如图 6-137 所示，求各位员工的退休日期，男的 60 岁退休，女的 55 岁退休。

	A	B	C	D
1	姓名	性别	出生日期	退休日期
2	张三	男	1969-4-8	2029-4-8
3	王小二	女	1981-6-12	2036-6-12
4	郑准	女	1968-4-21	2023-4-21
5	张大民	男	1969-4-30	2029-4-30
6	李节	女	1969-10-24	2024-10-24
7	阮大	男	1986-7-9	2046-7-9
8	孔庙	女	1958-6-3	2013-6-3
9				

图 6-137　退休日期

在 D2 单元格输入公式，并向下填充公式。

```
=DATE(YEAR(C2)+IF(B2="男",60,55),MONTH(C2),DAY(C2))
```

先用 IF 函数判断是否为男，男的返回 60，女的返回 55。再用 YEAR、MONTH 和 DAY 函数依次获取年月日，结合 DATE 函数组合新的日期。

借助 EDATE 函数会更简单。

```
=EDATE(C2,IF(B2=" 男 ",60*12,55*12))
```

EDATE 函数语法：

```
=EDATE ( 日期，之前 / 之后月份 )
```

正数就是之后的月份，1 年 12 个月，60 年就是 60*12。
负数就是之前的月份，比如 –3，就是这个日期之前的 3 个月。

知识扩展：

如图 6-138 所示，还有一个比较常用的隐藏函数 DATEDIF，在输入的时候没有任何提示，如果你没用过，很可能会怀疑自己输入错误。

如图 6-139 所示，正常的函数在输入的时候都会有提示的。

图 6-138　隐藏函数

图 6-139　正常函数

DATEDIF 函数很好用，至于微软为什么要将它隐藏起来，这个只有微软自己知道。
如图 6-140 所示，根据出生日期算周岁。

	A	B	C	D
1	姓名	性别	出生日期	周岁
2	张三	男	1969-4-8	48
3	王小二	女	1981-6-12	36
4	郑准	女	1968-4-21	49
5	张大民	男	1969-4-30	48
6	李节	女	1969-10-24	47
7	阮大	男	1986-7-9	30
8	孔庙	女	1958-6-3	59
9				

图 6-140 根据出生日期算周岁

```
=DATEDIF(C2,NOW(),"Y")
```

DATEDIF 函数语法：

```
=DATEDIF(起始日期,结束日期,返回类型)
```

参数 3 返回类型共有 6 种。
- Y 时间段中的整年数。
- M 时间段中的整月数。
- D 时间段中的天数。
- MD 日期中天数的差，忽略日期中的月和年。
- YM 日期中月数的差，忽略日期中的日和年。
- YD 日期中天数的差，忽略日期中的年。

DATEDIF 函数在计算年的时候，即使差了 1 天，都不算 1 年。还有，这个函数在计算每个月最后 1 天的时候也会出错。

有的月份也会错误，比如 3-31 到 4-30，这个很明显是 1 个月，但是用 DATEDIF 得到的结果为 0，如图 6-141 所示。

```
=DATEDIF(A1,B1,"m")
```

图 6-141　每月最后一天会计算错误

这个是微软本身的错，当初开发的时候，没开发完美。

而日期 +1，变成次月 1 日，这样统计是不会出错的，如图 6-142 所示。

```
=DATEDIF(A1+1,B1+1,"m")
```

图 6-142　次月 1 日计算正确

课后练习

如图 6-143 所示，计算登记时间与会员结束时间相隔月份。

	A	B	C
1	登记时间	会员结束时间	相隔月份
2	2017-6-20	2018-1-2	6
3	2017-5-30	2017-9-10	3
4	2017-4-20	2017-11-21	7
5	2017-6-1	2017-9-10	3
6			

图 6-143　相隔月份

第7章
数据统计分析神器

很多人仅仅是数据录入员，将数据录入后就完事了，但实际上，这是初级层次的。除了录入数据，我们还需要对数据进行处理分析，挖掘出数据存在的含义，为领导的决策提供强有力的数据分析依据。

一直以来卢子都强调，如果Excel只学一个功能，那必须是数据透视表，因为其功能实在是太强大了。各角度统计分析分分钟完成，操作简单，再结合一些排序、筛选等常用小技巧，就会变得更加智能化。

卢子 Excel 高手速成视频教程
早做完，不加班

Day57　排序小技巧

扫一扫 看视频

1. 对工资进行降序排序

卢子：如图 7-1 所示，这是一份最原始的工资录入表，未做任何处理，粗略一看没问题，但实际上很乱。比如工资没有进行排序，这样看不出最高工资多少，最低工资多少，最高是谁，最低是谁。木木，你来对工资进行降序排序。

	A	B	C	D	E
1	部门	姓名	性别	工资	
2	生产	杨林蓉	男	2300	
3	生产	刘新民	男	2300	
4	生产	张国荣	女	2500	
5	生产	葛民权	男	5100	
6	包装	杨兆红	女	1700	
7	包装	左建华	女	7300	
8	包装	李志红	男	2300	
9	包装	姚荣国	男	1900	
10	包装	郝晓花	女	3400	
11	包装	陈爱文	女	3800	
12	生产	郭玉英	女	3700	
13	生产	田玉清	男	3300	
14	生产	王俊贤	男	1000	
15	生产	尚玲芝	女	1400	
16	包装	祁友平	女	4900	

图 7-1　原始的工资录入表

木木：排序这个很简单。

如图 7-2 所示，选择 D 列，切换到"数据"选项卡，单击"降序"按钮，弹出"排序提醒"对话框，保持默认设置不变，单击"排序"按钮。

图 7-2　降序排序

254

这操作起来太顺畅了，分分钟搞定。做销售的最厉害，最高工资为 7900 元，如图 7-3 所示。

卢子：经过降序以后，看起来就非常清晰了。如果要看最低工资，单击单元格 D1，借助快捷键 Ctrl+↓就可以快速返回最后一个单元格的值，也就是最低工资。可以看到，最低工资是生产部的王俊贤，如图 7-4 所示。

	A	B	C	D	E
1	部门	姓名	性别	工资	
2	销售	徐喜荣	女	7900	
3	包装	左建华	女	7300	
4	销售	刘新萍	女	6800	
5	销售	苏健珍	女	6200	
6	销售	程巧荣	女	6100	
7	包装	纪学兰	女	6000	
8	包装	杨秀平	女	5400	
9	生产	葛民福	男	5100	
10	销售	苗晓凤	女	5000	
11	包装	祁友平	女	4900	
12	销售	何义	男	4800	
13	销售	陈国利	男	4400	
14	销售	梁建栋	男	4000	
15	销售	原玉婵	女	4000	
16	销售	贺丽芳	女	3900	

图 7-3　排序后效果

30	包装	杨兆红	女	1700
31	生产	尚玲芝	女	1400
32	包装	史阳阳	女	1400
33	包装	李贵然	男	1400
34	生产	王俊贤	女	1000
35				

图 7-4　最低工资

2. 按部门和工资两个条件进行降序排序

卢子：有这么一句话：乞丐不会去妒忌百万富翁，但他会妒忌比他讨钱更多的乞丐！对全公司的工资进行了排序后，接下来就得对每个部门内部员工的工资进行排序，对同一部门的工资进行比较，价值会更大。

木木：我就不会妒忌你，因为我们不是同一个级别的。

因为事先已经对工资进行降序排序，现在只需再选择部门，进行降序即可。

如图 7-5 所示，选择 A 列，切换到"数据"选项卡，单击"降序"按钮，弹出"排序提醒"对话框，保持默认设置不变，单击"排序"按钮。

卢子：对于多条件排序，我一般采用其他的办法。

Step 01　如图 7-6 所示，单击单元格 A1，切换到"数据"选项卡，单击"排序"按钮。

图 7-5　降序排序

图 7-6　排序

Step 02　如图 7-7 所示，弹出"排序"对话框，在"主要关键字"下拉列表框中选择"部门"，在"次序"下拉列表框中选择"降序"，这样就是对部门进行降序排序。

Step 03　如图 7-8 所示，因为还有一个排序条件是工资，这时可以单击"添加条件"按钮，就出现了一个"次要关键字"下拉列表框，从中选择"工资"，在"次序"下拉列表框中选择"降序"，单击"确定"按钮。

经过以上 3 步操作，效果就出来了，如图 7-9 所示。用这种方法的好处就是，如果排序的条件有多个，可以一直添加条件，不用多次按降序排序，避免混淆。

图 7-7 对部门降序排序

图 7-8 对工资降序排序

图 7-9 排序后效果

木木：如果有多个条件排序，这种方法也挺不错。

3. 借助排序生成工资条

卢子：如图 7-10 所示，现在要根据这份工资表，生成工资条。如果是你，会怎么操作？

图 7-10　工资条

木木：复制表头，插入表头，再复制表头，再插入表头，如此循环直到搞定。

卢子：还好你动作快，不要那么久，如果像我这种的，半天都不知道能不能搞完。在你感觉烦琐的时候，就停下来思考，兴许就能找到更快捷的方法。其实排序也可以很强大，只需借助小小的辅助列就能达到这种效果。

Step 01 如图 7-11 所示，在 E2 输入 1，双击单元格，单击"自动填充选项"下拉按钮，选中"填充序列"单选按钮。

图 7-11　填充序列

Step 02　如图 7-12 所示，复制生成的序号，单击单元格 E35，把序号粘贴上去。

图 7-12　粘贴序号

Step 03　如图 7-13 所示，再将表头复制到工资表下面的区域。

图 7-13　复制表头

Step 04　如图 7-14 所示，选择 E 列，切换到"数据"选项卡，单击"升序"按钮，弹出"排序提醒"对话框，保持默认设置不变，单击"排序"按钮。

　　如图 7-15 所示，这样工资条就出来了，再将辅助列删除掉。

木木：这种方法不错，挺简单的。

卢子：有人说过，这是世上最简捷的工资条制作方法。

图 7-14　升序排序

图 7-15　工资条制作完成

知识扩展：

　　如图 7-16 所示，每个公司都有自己的一套部门排序方法，特别是对于秘书这个岗位，有的公司权力很大，有的没权力。如何按照这种特定的顺序进行排序呢？

图 7-16　特定排序

Excel 提供了一种自定义排序方法，但自从学会了 MATCH 函数就基本不用自定义排序了，自定义排序方法非常烦琐，而借助辅助列却能轻松实现。

在 E2 单元格输入公式，并双击填充公式。

```
=MATCH(A2,G:G,0)
```

如图 7-17 所示，选择 E 列，切换到"数据"选项卡，单击"升序"按钮，弹出"排序提醒"对话框，保持默认设置不变，单击"排序"按钮。

这样就成功地按照特定顺序排序了。

图 7-17　排序

课后练习

如图 7-18 所示，尝试用自定义排序的方法，对部门进行排序。

图 7-18　特定排序

扫一扫 看答案

扫一扫 看视频

Day58 筛选小技巧

1. 将包装部的人员信息筛选出来

卢子：如图 7-19 所示，现在各部门的人员信息都在一起，如果我只是想得到包装部的人员信息，你知道如何操作吗？

	A	B	C	D	E
1	部门	姓名	性别	工资	
2	销售	徐喜荣	女	7900	
3	包装	左建华	女	7300	
4	销售	刘新萍	女	6800	
5	销售	苏健珍	女	6200	
6	销售	程巧荣	女	6100	
7	包装	纪学兰	女	6000	
8	包装	杨秀平	女	5400	
9	生产	葛民福	男	5100	
10	销售	苗晓凤	女	5000	
11	包装	祁友平	女	4900	
12	销售	何义	男	4800	
13	包装	陈国利	男	4400	
14	销售	梁建栋	男	4000	
15	销售	原玉婵	女	4000	
16	销售	贺丽芳	女	3900	

图 7-19 各部门的人员信息表

木木：这个难不倒我。

Step 01 如图 7-20 所示，单击单元格 A1，切换到"数据"卡，单击"筛选"按钮。

图 7-20 筛选

Step 02 如图 7-21 所示，单击"部门"筛选按钮，取消勾选"生产"和"销售"复选框，单击"确定"按钮。

如图 7-22 所示，经过两个简单的步骤就搞定了。

图 7-21　取消"生成"与"销售"筛选

图 7-22　筛选后效果

卢子：很好，经过筛选后，我们就只看到需要的信息而已。

最近学习到一种超级简单的筛选方法，跟你说一下。

如图 7-23 所示，现在要筛选部门为包装，直接选择任意"包装"单元格，右击，选择"筛选"→"将所选单元格的值筛选"命令，非常快捷。

图 7-23　将所选单元格的值筛选

2. 将工资前 5 名的人员信息筛选出来

卢子：如图 7-24 所示，刚刚是最基础的筛选用法，我再和你说一下筛选的其他用法。现在要从工资明细表中筛选工资前 5 名的人员信息。

Step 01 如图 7-25 所示，单击"工资"筛选按钮，选择"数字筛选"→"前 10 项"。

图 7-24　人员信息表

图 7-25　前 10 项

Step 02 如图 7-26 所示，弹出"自动筛选前 10 个"对话框，将 10 改成 5，单击"确定"按钮。

如图 7-27 所示，现在就将工资最高的 5 个人信息筛选出来了。

图 7-26　最大 5 项

图 7-27　筛选结果

木木：又学到一个技能。

3. 高级筛选提取不重复部门

卢子：前面说到的都是常规的筛选，现在跟你说一下高级筛选，在人员信息表中提取不重复的部门，如图 7-28 所示。

图 7-28　人员信息表

如图 7-29 所示，切换到"数据"选项卡，单击"高级"按钮，弹出"高级筛选"对话框，"方式"选择"将筛选结果复制到其他位置"，设置"列表区域"为 $A$1:$A$34，"复制到"为 $F$1，勾选"选择不重复的记录"复选框，单击"确定"按钮。

图 7-29　高级筛选提取不重复的记录

如图 7-30所示，这样就能获取不重复的部门名称。

	A	B	C	D	E	F	G
1	部门	姓名	性别	工资		部门	
2	包装	左建华	女	7300		包装	
3	包装	纪学兰	女	6000		生产	
4	包装	杨秀平	女	5400		销售	
5	包装	祁友平	女	4900			
6	包装	陈国利	男	4400			
7	包装	陈爱文	女	3800			
8	包装	郝晓花	女	3400			
9	包装	李焕英	女	2400			
10	包装	李志红	男	2300			
11	包装	弓连才	女	2000			
12	包装	姚荣国	男	1900			
13	包装	杨兆红	女	1700			
14	包装	史阳阳	女	1400			
15	包装	李贵然	男	1400			
16	生产	葛民福	男	5100			
17	生产	郭玉英	女	3700			

图 7-30　不重复效果

　木木：原来还有一个高级筛选，长见识了。

知识扩展：

　　高级筛选是一个很神奇的功能，可以让你随心所欲地进行各种筛选。

　　将部门为包装，姓名里面包含陈的，性别为女的所有记录筛选出来。

　　如图 7-31 所示，切换到"数据"选项卡，单击"高级"按钮，弹出"高级筛选"对话框，"方式"选择"将筛选结果复制到其他位置"，设置"列表区域"为 $A$1:$D$34，"条件区域"为"知识扩展 !$F$1:$H$2"，"复制到"为"知识扩展 !$F$5"，单击"确定"按钮。

　　如图 7-32 所示，条件是"并且"就写在同一行，条件是"或者"就写在不同行。

图 7-31　按条件高级筛选

图 7-32　条件表示法

如图 7-33 所示，将性别为女的或者工资大于 5000 的记录筛选出来。

图 7-33　将性别为女的或者工资大于 5000 的记录筛选出来

课后练习

如图 7-34 所示，将姓名包含"国"字的筛选出来。

	A	B	C	D
1	部门	姓名	性别	工资
6	包装	陈国利	男	4400
12	包装	姚荣国	男	1900
19	生产	张国荣	女	2500
35				

图 7-34 将姓名包含"国"字的筛选出来

 Day59 Excel 中最强大的功能

扫一扫 看视频

什么是 Excel 中最强大的功能？有人说是函数与公式，有人说 VBA，但我要告诉你，都不是。Excel 中最强大的功能是数据透视表！

1. 多变的要求

卢子：木木，跟你说一件我经历过的事儿。事情是这样的，某一天领导像疯了一样，不断地向我提要求，让我统计各种数据。

如图 7-35 所示，统计每个地区的销售金额。

如图 7-36 所示，统计每个地区各个销售部门的销售金额。

地区	金额
澳门	3901
佛山	237377
广州	1067076
深圳	572554
香港	3284
总计	1884192

图 7-35 统计每个地区的销售金额

求和项:金额	销售部门				
地区	一部	二部	三部	四部	总计
澳门	1428	1715	309	449	3901
佛山	124237	85344		27796	237377
广州	260543	571388	115296	119849	1067076
深圳	162337	91409	290104	28704	572554
香港	1439		1619	226	3284
总计	549984	749856	407328	177024	1884192

图 7-36 统计每个地区各销售部门的销售金额

如图 7-37 所示，统计每一年的销售金额。

如图 7-38 所示，统计每一年每一个月的销售金额。

金额	年			
月份	2012年	2013年	2014年	总计
1月		43008	58560	101568
2月		49248	6528	55776
3月		94848	129024	223872
4月		160992	95616	256608
5月		16800	175776	192576
6月		48576	15360	63936
7月		79392	109344	188736
8月		74784	7008	81792
9月		121824	193824	315648
10月	114144	39744		153888
11月	69120	127200		196320
12月	16032	37440		53472
总计	199296	893856	791040	1884192

年	金额
2012年	199296
2013年	893856
2014年	791040
总计	1884192

图 7-37　统计每一年的销售金额

图 7-38　统计每一年每个月的销售金额

统计金额也就算了，又接着给我来一轮统计数量的。

如图 7-39 所示，统计商品的销售数量。

商品	数量
笔记本	44064
订书机	59520
钢笔	65760
铅笔	34272
总计	203616

图 7-39　统计商品的销售数量

……

领导不断地改变需求，如果你也像我一样，你会怎么样呢？

木木：还能怎么样，自认倒霉，加班加点完成领导交给我的任务呗。

卢子：如果是 N 年以前，我估计也会像你这样，不过自从学习了数据透视表以后，这种事分分钟完成。

木木：我书读得少，你可别骗我哦！

2. 数据透视表登场

卢子：先跟你说说 N 年前一段不堪回首的经历。

领导要查看每个地区的销售金额。

Step 01 如图 7-40 所示，复制 B 列的地区到 J1。

	A	B	C	D	E	F	G	H	I	J	K
1	日期	地区	销售部门	销售员代码	商品	数量	单价	金额		地区	(Ctrl)
2	2012-10-8	深圳	一部	A00001	订书机	95	1.99	189		深圳	
3	2012-10-25	广州	二部	A00002	钢笔	50	19.99	1000		广州	
4	2012-11-11	广州	三部	A00003	钢笔	36	4.99	180		广州	
5	2012-11-28	广州	二部	A00004	笔记本	27	19.99	540		广州	
6	2012-12-15	佛山	一部	A00005	订书机	56	2.99	167		佛山	
7	2013-1-1	深圳	四部	A00006	铅笔	60	4.99	299		深圳	

图 7-40　复制地区

Step 02 如图 7-41 所示，切换到"数据"选项卡，单击"删除重复项"按钮，弹出"删除重复项"对话框，保持默认设置不变，单击"确定"按钮。

图 7-41　删除重复项

Step 03 如图 7-42 所示，在弹出的提示对话框中直接单击"确定"按钮，就获取了唯一的地区。

图 7-42　重复项提示对话框

Step 04 在 K2 输入公式，并双击填充公式。

=SUMIF(B:B,J2,H:H)

现在领导改变主意，要统计每个地区各个销售部门的销售金额。

Step 01 如图 7-43 所示，重复刚刚的操作，复制粘贴，删除重复项，并重新布局。

图 7-43　布局

Step 02 在 K2 输入公式，并向右复制到 N2，再选择 K2:N2 向下复制公式。

=SUMIFS($H:$H,$B:$B,$J2,$C:C,K1)

Step 03 如图 7-44 所示，选择区域 K2:O7，按快捷键 Alt+= 就会自动计算总计。

图 7-44　使用快捷键

如图 7-45 所示，这个快捷键就相当于用 SUM 函数求和，单击 O2 就可以看到公式。

地区	一部	二部	三部	四部	总计
深圳	162337	91409	290104	28704	572554
广州	260543	571388	115296	119849	1067076
佛山	124237	85344	0	27796	237377
香港	1439	0	1619	226	3284
澳门	1428	1715	309	449	3901
总计	549984	749856	407328	177024	1884192

O2 上方公式栏：=SUM(K2:N2)

图 7-45　求和后效果

......

每一次的要求都要折腾好久。

木木：那像我这种公式不熟练的，估计会更惨！我现在很好奇你当初是如何用数据透视表搞定这种事的？

卢子：用数据透视表来完成这种事再适合不过了，轻轻松松，拖拉几下全搞定。

Step 01　如图 7-46 所示，单击单元格 A1，切换到"插入"选项卡，单击"数据透视表"按钮，弹出"创建数据透视表"对话框，这时 Excel 会自动帮你选择好区域，保持默认设置不变，单击"确定"按钮即可。

图 7-46　创建数据透视表

Step 02 如图 7-47 所示，将"地区"拖到"行"区域，"金额"拖到"值"区域。

图 7-47　添加字段名 1

木木：这么简单啊，那如果是统计每个地区各个销售部门的销售金额，要怎么做？

卢子：如图 7-48 所示，只需再将"销售部门"拖到"列"区域即可。

图 7-48　添加字段名 2

木木: 太神奇了, 数据透视表太适合我了, 我要学会数据透视表!

知识扩展:

先一起看看微软的帮助是怎么定义数据透视表的。

数据透视表是一种可以快速汇总大量数据的交互式方法。使用数据透视表可以深入分析数值数据, 并且可以回答一些预料不到的数据问题。数据透视表是专门针对以下用途设计的:

(1) 以多种用户友好方式查询大量数据。

(2) 对数值数据进行分类汇总和聚合, 按分类和子分类对数据进行汇总, 创建自定义计算和公式。

(3) 展开或折叠要关注结果的数据级别, 查看感兴趣区域汇总数据的明细。

(4) 将行移动到列或将列移动到行(或"透视"), 以查看源数据的不同汇总。

(5) 对最有用和最关注的数据子集进行筛选、排序、分组和有条件地设置格式, 使你能够关注所需的信息。

(6) 提供简明、有吸引力并且带有批注的联机报表或打印报表。

说白了就一句话: 数据透视表可以快速以各种角度分析汇总数据。

木木: 概念化的东西, 看起来很模糊。

卢子: 其实说白了, 数据透视表就好比孙悟空。

拥有一双火眼金睛, 任何妖怪都逃不出他的法眼。

拥有如意金箍棒, 想长就长, 想短就短, 想大就大, 想小就小。

本身过硬的技能: 七十二变, 想要什么就变什么。

课后练习

如图 7-49 所示，借助数据透视表，提取不重复商品。

	A	B	C	D	E	F	G	H	I	J
1	日期	地区	销售部门	销售员代码	商品	数量	单价	金额		商品 ▼
2	2012-10-8	深圳	一部	A00001	订书机	95	1.99	189		笔记本
3	2012-10-25	广州	二部	A00002	钢笔	50	19.99	1000		订书机
4	2012-11-11	广州	三部	A00003	钢笔	36	4.99	180		钢笔
5	2012-11-28	广州	二部	A00004	笔记本	27	19.99	540		铅笔
6	2012-12-15	佛山	一部	A00005	订书机	56	2.99	167		
7	2013-1-1	深圳	四部	A00006	铅笔	60	4.99	299		
8	2013-1-18	广州	一部	A00001	订书机	75	1.99	149		
9	2013-2-4	广州	三部	A00002	钢笔	90	4.99	449		
10	2013-2-21	佛山	二部	A00003	钢笔	32	1.99	64		
11	2013-3-10	深圳	三部	A00004	笔记本	60	8.99	539		
12	2013-3-27	广州	四部	A00005	钢笔	90	4.99	449		
13	2013-4-13	深圳	一部	A00001	铅笔	29	1.99	58		
14	2013-4-30	香港	三部	A00002	订书机	81	19.99	1619		
15	2013-5-17	深圳	二部	A00003	钢笔	35	4.99	175		

扫一扫 看答案

图 7-49　提取不重复商品

Day60 **多角度汇总分析数据**

扫一扫 看视频

卢子：数据透视表，顾名思义就是将数据看透了。能将数据看透，你说强不强？看透人生真烦恼，看透数据真享受！既然连数据都能看透，那数据内在的含义不用说肯定也知道，含义知道就可以进一步进行分析。

"拖拉"，形容一个人办事缓慢、不痛快、时间观念差、经常拖延期限的现象。

做事拖拉也是一种病吗？没错！不断推迟行动或任务，在心理学上被定义为"拖拉症"。

"拖拉"一直被认为是贬义词，但是对于数据透视表却是最好的褒奖，拖、拉即是精华。拖、拉间完成各种统计分析。数据透视表的各种布局都是借助拖、拉这两招来完成的。

现在一步一步教你如何使用数据透视表。

1. 多角度分析数据

先汇总每个地区的商品销售数量。

Step 01　如图 7-50 所示，单击单元格 A1，切换到"插入"选项卡，单击"数据透视表"按钮，弹出"创建数据透视表"对话框，选择放置数据透视表的位置为"现有工作表"，"位置"为 Sheet4!$J$2，单击"确定"按钮。

图 7-50　创建数据透视表

Step 02　如图 7-51 所示，将"地区""商品"拖到"行"区域，"数量"拖到"值"区域。

图 7-51　添加字段 1

现在还想看每个销售部门的销售情况。

Step 03 如图 7-52 所示，将"销售部门"拖到"列"区域。

图 7-52　添加字段 2

这样看起来密密麻麻的，不妨改变一下布局。

Step 04 如图 7-53 所示，将"商品"拖到筛选器。

图 7-53　改变字段名的位置

如果现在想看的是金额而不是数量，可以这样做。

Step 05 如图 7-54 所示，取消"数量"的勾选，将"金额"拖到"值"区域。

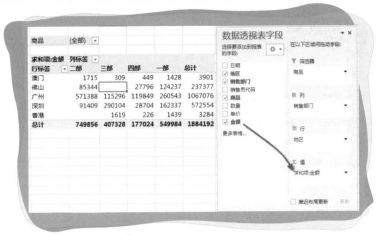

图 7-54　改变汇总的字段名

如果现在只是想看笔记本的情况，则这样做。

Step 06 如图 7-55 所示，单击"（全部）"筛选按钮，选择"笔记本"，单击"确定"按钮。

图 7-55　筛选笔记本

从上面的操作可以看出，不管你要分析什么，都可以非常轻易地搞定。

2. 对各项目进行排序

经过了初步布局后，还需要对总计进行降序，要不然在没有排序的情况下很乱。

Step 01 如图 7-56 所示，单击"总计"列的任意数字，右击，选择"排序"→"降序"
命令。

图 7-56　降序排序

列标签的默认排序不是按一部、二部、三部这样排序，这时需要进行手工排序。

Step 02 如图 7-57 所示，单击"一部"这个单元格，出现拖动的箭头时，向左拖动到
"二部"前面。

如图 7-58 所示，经过排序后，如对商品进行筛选，都会自动地帮你进行排序，非
常智能。

图 7-57　手动排序

图 7-58　自动排序

木木：数据透视表真的很好用，你再说说其他的用法。

知识扩展：

销售部门只有 4 个，手工排序比较容易操作。类似这种有很多波段的，那就比较麻烦了，如图 7-59 所示。

项目 ▾	求和项:零售额
八波	182075
二波	4706268
六波	5690752
七波	440767
三波	5905188
四波	5661334
五波	4425149
一波	4704057
总计	31715590

✏️ 图 7-59　波段

而如果波段采用的是数字形式，那默认就是升序，如图 7-60 所示。

也就是说，平常录入的时候最好采用数字波段录入法。如果已经录入好，也可以借助辅助列和 VLOOKUP 函数实现转换。

如图 7-61 所示，建立一个转换对应表，在 G2 输入 VLOOKUP 函数，并双击填充公式。

波段 ▾	求和项:零售额
1	4704057
2	4706268
3	5905188
4	5661334
5	4425149
6	5690752
7	440767
8	182075
总计	31715590

✏️ 图 7-60　数字波段

G2　　　fx　=VLOOKUP(A2,I:J,2,0)

	A	B	C	D	E	F	G	H	I	J
1	项目	货品名称	吊牌价	尺码	数量	零售额	波段		项目	波段
2	八波	衬衫	569	M	1	569	8		一波	1
3	八波	单衣	699	XS	3	2097	8		二波	2
4	八波	单衣	699	S	2	1398	8		三波	3
5	八波	单衣	699	S	2	1398	8		四波	4
6	八波	单衣	699	L	2	1398	8		五波	5
7	八波	单衣	599	XS	1	599	8		六波	6
8	八波	单衣	599	S	1	599	8		七波	7
9	八波	毛衫	539	M	1	539	8		八波	8
10	八波	毛衫	539	L	1	539	8			
11	八波	毛衫	869	S	1	869	8			
12	八波	大衣	1790	S	2	3580	8			
13	八波	大衣	1890	XS	6	11340	8			

✏️ 图 7-61　转换

课后练习

如图 7-62 所示，直接创建数据透视表的时候，没有按原来顺序排序，如何按照原来顺序排序？

扫一扫 看答案

	A	B	C
1	名称		行标签 ▼
2	新中七（1）班		承玲学校二（1）班
3	新中七（2）班		承玲学校二（2）班
4	新中七（3）班		承玲学校六（1）班
5	新中七（4）班		承玲学校六（2）班
6	新中七（5）班		承玲学校六（3）班
7	新中七（6）班		承玲学校三（1）班
8	新中八（1）班		承玲学校三（2）班
9	新中八（2）班		承玲学校四（1）班
10	新中八（3）班		承玲学校四（2）班
11	新中八（4）班		承玲学校五（1）班
12	黑中七（1）班		承玲学校五（3）班
13	黑中七（2）班		承玲学校五（2）班
14	黑中七（3）班		承玲学校一（1）班
15	黑中八（1）班		承玲学校一（2）班
16	黑中八（2）班		黑中八（1）班

图 7-62　乱序

Day61　快速统计各商品的最高、最低和平均数量

卢子：如图 7-63 所示，现在对所有字段取消勾选，我们再来做另外的分析。

扫一扫 看视频

图 7-63　取消所有字段的勾选

Step 01 如图 7-64 所示，将"商品"拖到"行"区域，"数量"连续 3 次拖到"值"区域。

图 7-64　添加字段

Step 02 如图 7-65 所示，单击字段标题，右击，选择"值汇总依据"→"最大值"命令。

图 7-65　更改值汇总依据

　　用同样的方法将第 2 个设置成"最小值"，第 3 个设置成"平均值"，就会变成图 7-66 所示的效果。

行标签 ▼	最大值项:数量	最小值项:数量2	平均值项:数量3
笔记本	96	11	51
订书机	95	3	47.69230769
钢笔	96	2	45.66666667
铅笔	87	29	59.5
总计	96	2	49.3255814

图 7-66　更改后效果

对于追求完美的处女座而言，这样的标题看起来总感觉不顺眼，这时需要再做一些修改。

Step 03 如图 7-67 所示，修改字段名，和我们修改其他单元格的内容一样，直接单击单元格修改即可。

木木：那这样数据透视表就可以取代好多函数，实现各种统计，太棒了。

商品 ▼	最大数量	最小数量	平均数量
笔记本	96	11	51
订书机	95	3	47.69230769
钢笔	96	2	45.66666667
铅笔	87	29	59.5
总计	96	2	49.3255814

图 7-67　更改字段名

知识扩展：

如图 7-68 所示，修改名称也有一些小细节，就是"值"那里的名称不能和原来字段名称一模一样。

图 7-68　相同字段名出错

如图 7-69 所示，针对这种情况，可以在数量前面加一个空格，这样数据透视表就会将其当成字段名不一样。

图 7-69 添加空格

再回到刚刚平均数量的问题，小数点那么多，但实际上我们是不需要小数点的，保留整数即可。

如图 7-70 所示，单击"平均数量"下面一个单元格，右击，选择"数字格式"命令。

如图 7-71 所示，设置为"数值"格式，"小数位数"改成 0。

图 7-70 设置单元格格式

图 7-71 数值

如图 7-72 所示，再调整列宽就完美了。

说到列宽，又涉及一个问题，就是有的时候刷新一下数据透视表，我们好不容易调整好的列宽，却被数据透视表自作主张地帮我们更改了，很烦这个功能。

如图 7-73 所示，右击，选择"数据透视表选项"命令。

商品 ▼	最大数量	最小数量	平均数量
笔记本	96	11	51
订书机	95	3	48
钢笔	96	2	46
铅笔	87	29	60
总计	96	2	49

图 7-72 最终效果

图 7-73 数据透视表选项

如图 7-74 所示，取消勾选"更新时自动调整列宽"复选框，单击"确定"按钮。

图 7-74 取消勾选"更新时自动调整列宽"复选框

课后练习

如图 7-75 所示，将左边的数据透视表转化成右边的形式。

行标签	求和项:金额	求和项:金额2		销售部门	金额	次数
二部	749856	749856		二部	749856	1248
三部	407328	407328		三部	407328	960
四部	177024	177024		四部	177024	576
一部	549984	549984		一部	549984	1344
总计	1884192	1884192		总计	1884192	4128

图 7-75　更改值的汇总依据

扫一扫 看答案

Day62　统计各商品销售数量占比、累计占比以及排名

卢子：有的时候我们想看的是每种商品的销售占比，而不是本身的数量，这时可以这么做。

Step 01　如图 7-76 所示，创建数据透视表，将"商品"拖到"行"区域，"数量"拖到"值"区域。

扫一扫 看视频

图 7-76　添加字段

Step 02 如图 7-77 所示，单击"求和项：数量"这一列任意单元格，右击，选择"值显示方式"→"总计的百分比"命令。

图 7-77　更改值显示方式

Step 03 如图 7-78 所示，更改字段名。

图 7-78　更改字段名效果

如果是做质量管理的人，相信对柏拉图（80/20 法则）不会感到陌生，其使用频率非常高。在使用柏拉图的时候，会对数量进行降序排序，并获取累计占比。

如图 7-79 所示，将"商品"拖到"行"区域，"数量"拖 2 次到"值"区域。

图 7-79　布局

如图 7-80 所示，单击数量任意单元格，右击，选择"排序"→"降序"命令。

图 7-80　降序

如图 7-81 所示，单击数量 2 任意单元格，右击，选择"值显示方式"→"按某一字段汇总的百分比"命令。

图 7-81　按某一字段汇总的百分比

弹出"值显示方式"对话框，保持默认设置不变，单击"确定"按钮，如图 7-82 所示。

图 7-82　值显示方式

再对字段进行重命名即可，最终效果如图 7-83 所示。

商品	数量	累计占比
钢笔	65760	32.30%
订书机	59520	61.53%
笔记本	44064	83.17%
铅笔	34272	100.00%
总计	203616	

图 7-83　最终效果

知识扩展：

如图 7-84 所示，值显示方式还有很多百分比，这个可以自己尝试。里面还包含了升序排列和降序排列，这两个用得比较多，它们就相当于排名。

✏ 图 7-84　各种百分比

如图 7-85所示，如果现在要获取排名，直接右击，选择"值显示方式"→"降序排列"命令。

✏ 图 7-85　降序排列

如图 7-86 所示，弹出"值显示方式"对话框，保持默认设置不变，单击"确定"按钮，再修改字段名。

图 7-86 值显示方式

课后练习

如图 7-87 所示，获取每个地区商品金额的分类百分比。

扫一扫 看答案

图 7-87 分类百分比

扫一扫 看视频

 Day63 轻松统计各年月的销售金额

卢子：如图 7-88 所示，数据透视表的神奇之处在于能变幻出很多原来就没有的东西，比如我们的数据源只有日期一列，可以不通过任何函数就将日期转变成按年份、季度、月份等统计。

Step 01 如图 7-89 所示，创建数据透视表，将"日期"拖到"行"区域，"金额"拖到"值"区域。

Step 02 如图 7-90 所示，选择任意一个日期，右击，选择"创建组"命令。

	A	B	C	D	E	F	G	H
1	日期	地区	销售部门	销售员代码	商品	数量	单价	金额
2	2012-10-8	深圳	一部	A00001	订书机	95	1.99	189
3	2012-10-25	广州	二部	A00002	钢笔	50	19.99	1000
4	2012-11-11	广州	三部	A00003	钢笔	36	4.99	180
5	2012-11-28	广州	二部	A00004	笔记本	27	19.99	540
6	2012-12-15	佛山	一部	A00005	铅笔	56	2.99	167
7	2013-1-1	深圳	四部	A00006	铅笔	60	4.99	299
8	2013-1-18	广州	一部	A00001	订书机	75	1.99	149
9	2013-2-4	广州	三部	A00002	钢笔	90	4.99	449
10	2013-2-21	佛山	二部	A00003	钢笔	32	1.99	64
11	2013-3-10	深圳	三部	A00004	笔记本	60	8.99	539
12	2013-3-27	广州	四部	A00006	订书机	90	4.99	449
13	2013-4-13	深圳	一部	A00001	铅笔	29	1.99	58
14	2013-4-30	香港	三部	A00002	订书机	81	19.99	1619
15	2013-5-17	深圳	二部	A00003	钢笔	35	4.99	175

图 7-88 销售明细表

图 7-89 添加字段

图 7-90 创建组

Step 03 如图 7-91 所示，在弹出的"组合"对话框中，保持默认设置不变，单击"确定"按钮。

如图 7-92 所示，这样就统计出每个月的销售金额。

因为数据是跨年的，这时还得按年份组合，那该怎么重新返回"组合"对话框呢？其实操作方法与刚才一样。

图 7-91　按月组合

图 7-92　按月组合效果

Step 04 如图 7-93 所示，选择任意一个日期，然后右击，选择"创建组"命令，在弹出的"组合"对话框中，选择"月""年"两个步长，单击"确定"按钮。

如图 7-94 所示，这样显示出来的布局跟我们平常的布局不一样，不是很理想，需要进一步处理。

图 7-93　按年月组合

图 7-94　按年月组合效果

Step 05 如图 7-95 所示，单击数据透视表任意单元格，这时会出现数据透视表工具，切换到"设计"选项卡，单击"报表布局"下拉按钮，选择"以表格形式显示"选项。

图 7-95　以表格形式显示

Step 06 如图 7-96 所示，正常情况下都会有一个按年份汇总，有的时候因为事前被设置过而没有出现，这时可以再进行重新设置。切换到"设计"选项卡，单击"分类汇总"下拉按钮，选择"在组的底部显示所有分类汇总"选项。

图 7-96　在组的底部显示所有分类汇总

Step 07 如图 7-97 所示，最后修改一下字段的标题，就大功告成了。

木木：发觉我已经爱上数据透视表了，功能简直太强大了！

年	月份	销售金额
⊟2012年	10月	114144
	11月	69120
	12月	16032
2012年 汇总		**199296**
⊟2013年	1月	43008
	2月	49248
	3月	94848
	4月	160992
	5月	16800
	6月	48576
	7月	79392
	8月	74784
	9月	121824
	10月	39440
	11月	127200
	12月	37440
2013年 汇总		**893856**

图 7-97　修改字段名

知识扩展：

　　Excel 2016 的数据透视表更加智能，将"日期"拖到"值"区域，不做任何处理，会自动帮你按年、季度、月组合起来。

　　如图 7-98 所示，将"日期"拖到"行"区域，就自动组合了。

图 7-98　自动组合

如图 7-99 所示，将内容展开，可以看到按季度和月组合。

图 7-99　展开

课后练习

如图 7-100 所示，统计各年各季度的数量。

扫一扫 看答案

求和项:数量	列标签			
行标签	2012年	2013年	2014年	总计
第一季		39072	28800	67872
第二季		15648	23520	39168
第三季		33024	19584	52608
第四季	25344	18624		43968
总计	25344	106368	71904	203616

图 7-100　统计各年各季度的数量

Day64　超级表让数据区域动起来

扫一扫 看视频

❓ 木木：因为数据每天都会自动更新，现在增加了 2 条记录（如图 7-101 所示），是不是得重新创建数据透视表才可以汇总？

💡 卢子：肯定不需要啊，如果那样多麻烦。直接单击数据透视表任意单元格，在"分析"选项卡中单击"更改数据源"按钮，如图 7-102 所示。

	A	B	C	D	E	F	G	H
1	日期	地区	销售部门	销售员代码	商品	数量	单价	金额
4119	2014-4-5	深圳	三部	A00003	铅笔	62	4.99	309
4120	2014-4-22	广州	二部	A00004	铅笔	55	12.49	687
4121	2014-5-9	广州	一部	A00005	订书机	42	23.95	1006
4122	2014-5-26	佛山	一部	A00006	订书机	3	275	825
4123	2014-6-12	广州	三部	A00001	钢笔	7	1.29	9
4124	2014-6-29	佛山	四部	A00002	钢笔	76	1.99	151
4125	2014-7-16	佛山	一部	A00003	钢笔	57	19.99	1139
4126	2014-8-2	广州	三部	A00004	钢笔	14	1.29	18
4127	2014-8-19	广州	二部	A00006	笔记本	11	4.99	55
4128	2014-9-5	广州	二部	A00004	笔记本	94	19.99	1879
4129	2014-9-22	广州	一部	A00005	笔记本	28	4.99	140
4130	2015-1-2	广州	二部	A00004	笔记本	94	19.99	1879
4131	2015-1-2	广州	一部	A00005	笔记本	28	4.99	140
4132								

图 7-101　新增数据

图 7-102　更改数据源

如图 7-103 所示，重新选择新的数据范围，单击"确定"按钮。

如图 7-104 所示，这样 2015 年的数据就增加进去了。

	A	B	C	D	E	F	G	H
1	日期							金额
4119	2014-4-5							309
4120	2014-4-22							687
4121	2014-5-9							1006
4122	2014-5-26							825
4123	2014-6-12							9
4124	2014-6-29							151
4125	2014-7-16							1139
4126	2014-8-2							18
4127	2014-8-19							55
4128	2014-9-5							1879
4129	2014-9-22	广州	一部	A00005	笔记本	28	4.99	140
4130	2015-1-2	广州	二部	A00004	笔记本	94	19.99	1879
4131	2015-1-2	广州	一部	A00005	笔记本	28	4.99	140
4132								

更改数据透视表数据源
请选择要分析的数据
⦿ 选择一个表或区域(S)
表/区域(T): Sheet1!$A$1:$H$4131
○ 使用外部数据源(U)
选择连接(C)
连接名称：

图 7-103 重新选择区域

	A	B	C
22		2月	6528
23		3月	129024
24		4月	95616
25		5月	175776
26		6月	15360
27		7月	109344
28		8月	7008
29		9月	193824
30	2014年 汇总		791040
31	⊟ 2015年	1月	2019
32	2015年 汇总		2019
33	总计		1886211
34			

图 7-104 增加 2015 年数据

木木：那是不是每次新增数据都要更改范围？这样虽然省了重新布局，但还是不太智能。

卢子：确实，我们统计数据时都希望能够自动统计，不用每次去修改这些。这里借助"表格"的功能可以实现动态区域，"表格"因为实在太好用了，也被称为超级表。

如图 7-105 所示，单击 A1 单元格，切换到"插入"选项卡，单击"表格"按钮，在弹出的"创建表"对话框中保持默认设置不变，单击"确定"按钮。

图 7-105 表格

如图7-106所示，为了方便记忆，在"设计"选项卡，更改表名称为"动态区域"。

图 7-106　表名称

如图 7-107 所示，再重新单击数据透视表任意单元格，在"分析"选项卡中单击"更改数据源"按钮，弹出"更改数据透视表数据源"对话框，选中"选择一个表或区域"单选按钮，在"表 1 区域"框中输入刚刚设置的名称"动态区域"，单击"确定"按钮。

图 7-107　动态区域

如图 7-108 所示，现在又新增了 2 条记录。

	A	B	C	D	E	F	G	H
1	日期	地区	销售部门	销售员代码	商品	数量	单价	金额
4122	2014-5-26	佛山	二部	A00006	订书机	3	275	825
4123	2014-6-12	广州	三部	A00001	钢笔	7	1.29	9
4124	2014-6-29	佛山	四部	A00002	钢笔	76	1.99	151
4125	2014-7-16	佛山	一部	A00003	钢笔	57	19.99	1139
4126	2014-8-2	广州	三部	A00006	钢笔	14	1.29	18
4127	2014-8-19	广州	二部	A00006	笔记本	11	4.99	55
4128	2014-9-5	广州	二部	A00004	笔记本	94	19.99	1879
4129	2014-9-22	广州	二部	A00005	笔记本	28	4.99	140
4130	2015-1-2	广州	二部	A00004	笔记本	94	19.99	1879
4131	2015-1-2	广州	一部	A00005	笔记本	28	4.99	140
4132	2015-2-2	广州	一部	A00005	笔记本	30	19.99	600
4133	2015-3-2	广州	一部	A00005	笔记本	20	4.99	100
4134								

图 7-108　新增记录

切换到数据透视表，这时数据是没有直接更新的。右击，选择"刷新"命令，如图 7-109 所示。

　　如图 7-110 所示，这时就显示了新增的记录。

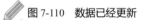

图 7-109　刷新

图 7-110　数据已经更新

知识扩展：

　　如果手工刷新，经常会忘记操作，如果加上一小段 VBA 语句就能轻松实现自动刷新。

```
Private Sub Workbook_SheetActivate(ByVal Sh As Object)
ActiveWorkbook.RefreshAll
End Sub
```

如图 7-111 所示，借助快捷键 Alt+F11 调出 VBA 窗口，双击 ThisWorkbook，将代码粘贴在空白处。

图 7-111　使用代码

如图 7-112 所示，关闭 VBA 窗口后在数据源更新一条记录。

	A	B	C	D	E	F	G	H
1	日期	地区	销售部门	销售员代码	商品	数量	单价	金额
4122	2014-5-26	佛山	二部	A00006	订书机	3	275	825
4123	2014-6-12	广州	三部	A00001	钢笔	7	1.29	9
4124	2014-6-29	佛山	四部	A00002	钢笔	76	1.99	151
4125	2014-7-16	佛山	一部	A00003	钢笔	57	19.99	1139
4126	2014-8-2	广州	三部	A00004	钢笔	14	1.29	18
4127	2014-8-19	广州	二部	A00006	笔记本	11	4.99	55
4128	2014-9-5	广州	二部	A00004	笔记本	94	19.99	1879
4129	2014-9-22	广州	一部	A00005	笔记本	28	4.99	140
4130	2015-1-2	广州	二部	A00004	笔记本	94	19.99	1879
4131	2015-1-2	广州	一部	A00005	笔记本	28	4.99	140
4132	2015-2-2	广州	二部	A00004	笔记本	30	19.99	600
4133	2015-3-2	广州	一部	A00005	笔记本	20	4.99	100
4134	2016-6-6	广州	三部	A00004	钢笔	1	1.29	1
4135								

图 7-112　更新记录

如图 7-113 所示，切换到数据透视表，立即可以看到数据更新汇总了，这就是传说中的全自动统计。

如图 7-114 所示，因为使用了 VBA 代码，必须要将工作簿另存为 "Excel 启用宏的工作簿" 才可以使用。

图 7-113　更新汇总

图 7-114　启用宏的工作簿

课后练习

扫一扫 看答案

　　如图 7-115 所示，制作一个全自动统计的数据透视表。数据源能够实现区域更新，数据透视表能够实现实时更新，统计每个地区的金额。

图 7-115　地区金额

Day65　轻松实现按职业拆分数据

扫一扫 看视频

木木：如图 7-116 所示是某培训班的学员资料，现在要根据职业，把每种职业的人员信息分成多张表格，一种职业一张表格，该如何处理？

	A	B	C	D	E	F
1	姓名	性别	公司名称	职业	身份证号	学历
2	徐新凯	女	王山实业有限公司	行政	xxxxxx110820420002	高中
3	杨爱丽	女	东南实业	行政	xxxxxx227821020342	初中
4	王军	男	坦森行贸易	财务	xxxxxx227811114261	小学
5	吴晓静	女	国顶有限公司	行政	xxxxxx227821208002	大专
6	周慧慧	女	通恒机械	品质	xxxxxx114810610006	大专
7	张银红	女	森通	品质	xxxxxx227820316282	大专
8	李峰	男	国皓	财务	xxxxxx227820316287	大专
9	陆国峰	男	迈多贸易	财务	xxxxxx227731006161	初中
10	吴国辉	男	祥通	财务	xxxxxx227551216043	初中
11	孔祥龙	男	广通	生产	xxxxxx221730305283	高中
12	顾青青	男	光明奶业	生产	xxxxxx197601053817	大专
13	徐洪奎	男	威航货运有限公司	财务	xxxxxx197010244056	小学
14	顾炳年	男	三捷实业	行政	xxxxxx227480307363	大专
15	朱美蓉	女	浩天旅行社	财务	xxxxxx227640924102	大专
16	金春梅	女	同恒	品质	xxxxxx227650206422	小学

图 7-116　学员资料

卢子：像这种分成多个表格的，水平高的都会采用 VBA 代码，但对于普通人而言，借助数据透视表也能轻松实现。

Step 01　如图 7-117 所示，创建数据透视表，将"职业"拖到筛选器，其他字段依次勾选。

图 7-117　创建数据透视表

Step 02 如图 7-118 所示，在"设计"选项卡中单击"报表布局"下拉按钮，选择"以表格形式显示"选项。

图 7-118 以表格形式显示

Step 03 如图 7-119 所示，单击"分类汇总"下拉按钮，选择"不显示分类汇总"选项。

图 7-119 不显示分类汇总

Step 04 如图 7-120 所示，在"分析"选项卡中单击"选项"下拉按钮，选择"显示报表筛选页"选项，在弹出的"显示报表筛选页"对话框中单击"确定"按钮。

图 7-120　显示报表筛选页

通过上面 4 步，最终效果如图 7-121 所示，生成 4 个表格，每种职业一张明细表。

图 7-121　一种职业一张表格

知识扩展：

接下来看一下高手是如何利用 VBA 拆分表格的？

有现成代码：

```
Sub 拆分表格()

    Dim d As Object, sht As Worksheet, arr, brr, r, kr, i&, j&, k&, x&

    Dim Rng As Range, Rg As Range, tRow&, tCol&, aCol&, pd&

    Application.ScreenUpdating = False '关闭屏幕更新

    Application.DisplayAlerts = False '关闭警告提示

    Set d = CreateObject("scripting.dictionary") 'set 字典

     Set Rg = Application.InputBox("请框选拆分依据列！只能选择单列
单元格区域！", Title:="提示", Type:=8)

    tCol = Rg.Column '取依据列列标

     tRow = Val(Application.InputBox("请输入总表标题行的行数？"))
'取标题行数

    If tRow = 0 Then MsgBox "你未输入标题行行数，程序退出。": Exit Sub

    Set Rng = ActiveSheet.UsedRange

    arr = Rng '数据范围装入数组 arr

    tCol = tCol - Rng.Column + 1 '计算依据列在数组中的位置

    aCol = UBound(arr, 2) '数据源的列数
```

```vba
For i = tRow + 1 To UBound(arr) '遍历数组 arr

    If Not d.exists(arr(i, tCol)) Then

        d(arr(i, tCol)) = i '字典中不存在关键词则将行号装入字典

    Else

        d(arr(i, tCol)) = d(arr(i, tCol)) & "," & i '如果
存在则合并行号，以逗号间隔

    End If

Next

For Each sht In Worksheets '遍历一遍工作表，如果字典中存在则删除

    If d.exists(sht.Name) Then sht.Delete

Next

kr = d.keys '字典 key

For i = 0 To UBound(kr) '遍历字典 key

    If kr(i) <> "" Then '如果 key 不为空

        r = Split(d(kr(i)), ",") '取出 item 里储存的行号
```

```
                    ReDim brr(1 To UBound(r) + 1, 1 To aCol) '声明放置
结果的数组brr

            k = 0

            For x = 0 To UBound(r)

                k = k + 1 '累加记录行数

                For j = 1 To aCol '循环读取列

brr(k, j) = arr(r(x), j)

                    Next

            Next

            With Worksheets.Add(, Sheets(Sheets.Count))

                .Name = kr(i)

.[a1].Resize(tRow, aCol) = arr '放标题行

.[a1].Offset(tRow, 0).Resize(k, aCol) = brr '放置数据区域

                Rng.Copy

.[a1].PasteSpecial Paste:=xlPasteFormats, Operation:=xlNone,
SkipBlanks:=False, Transpose:=False ' 粘贴格式

.[a1].Select
```

```
        End With

        End If

    Next

Sheets(1).Activate

    Set d = Nothing

    Erase arr: Erase brr

    Application.ScreenUpdating = True  ' 恢复屏幕更新

    Application.DisplayAlerts = True  ' 恢复警示

End Sub
```

懂得利用高手们现成的代码也是一种能力。

如图 7-122 所示，借助快捷键 Alt+F11 调出 VBA 窗口，插入模块，粘贴代码。

图 7-122　粘贴代码

如图 7-123 所示，插入任意一张图片，右击，选择"指定宏"命令。

如图 7-124 示，找到刚刚那个拆分表格的宏，单击"确定"按钮。

图 7-123　指定宏　　　　　　　　　　　图 7-124　拆分表格

接下来就是见证奇迹的时刻！

如图 7-125 所示，单击图片，选择要拆分的列 $D:$D，单击"确定"按钮。

图 7-125　拆分依据

如图 7-126 所示，输入标题的行数 "1"，单击"确定"按钮。

如图 7-127 所示，瞬间就生成了所有工作表。

图 7-126 输入标题行数   图 7-127 生成所有工作表

用 VBA 有什么好处呢？

一劳永逸，只要设置了一次，以后只需要单击运行，结果立刻就出来了。

课后练习

如图 7-128 所示，借助现成的 VBA 代码，实现将双行工资明细表按学历拆分成多个表格。

姓名	学历	部门	业绩奖励	全勤奖	总结奖励	本月工资	出勤工资	应发工资
魏梅芳	本科	销售部				5000	5000	5000.00
李小玲	大专	销售部	6900	100		9800	8493.333333	8493.33
余婵屏	大专	销售部	7000	100		9900	1320	1320.00
叶森平	本科	销售部	1100	100	100	4400	4400	4400.00
周中书	大专	销售部	200	100	100	3500	3500	3500.00
李翰铮	本科	销售部		100	1000	4500	4500	4500.00
邹少辉	本科	销售部	2100	100	300	5500	5500	5500.00
邓天华	大专	销售部	4200	100	500	9000	9000	9000.00
陈伟林	大专	销售部		100	600	4000	4000	4000.00
周志安	大专	销售部				3000	2900	2900.00
肖志山	大专	销售部				3000	3000	3000.00
陈金顺	大专	销售部			100	3100	3100	3100.00

图 7-128 工资明细表

扫一扫 看视频

Day66 轻松实现多表汇总数据

　　截止到目前我们使用的都是标准的一维表格，而且数据源都在同一表格中。但现实工作中，很多人都没有养成这个好习惯。也正因为这样，多重合并计算数据区域才体现出它的价值。

　　如图 7-129 所示，表 1 和表 2 格式相同，都是"目的地""中转费""重量"3 列，在这种情况下汇总各目的地中转费和重量。

图 7-129　格式相同的多表

Step 01 如图 7-130 所示，单击"数据透视表和数据透视图向导"按钮，选中"多重合并计算数据区域"单选按钮，单击"下一步"按钮。

图 7-130　向导第 1 步

Step 02　如果需要对工作表进行命名的话，选中"自定义页字段"单选按钮。因为这里不需要，所以保持默认设置不变，单击"下一步"按钮，如图 7-131 所示。

Step 03　如图 7-132 所示，依次选择表 1 和表 2 的区域，单击"添加"按钮，添加后单击"完成"按钮。

图 7-131　向导第 2 步

图 7-132　向导第 3 步

　　这里出现了一个问题，区域有 4 千多行，如果用鼠标拖动选取一定很慢，其实选取区域是有诀窍的。如图 7-133 所示，选择标题，然后按 Ctrl+Shift+ ↓ 快捷键，就完成了区域的选取。

	A	B	C
1	目的地	中转费	重量
2	福建泉州航空部	0.25	0.2
3	辽宁沈阳航空部	3.64	0.75
4	黑龙江哈尔滨航空部	2.86	0.45
5	福建泉州航空部	0.29	1.15
6	天津公司	3.06	0.85
7	安徽合肥航空部	0	0.05
8	安徽合肥航空部	0.85	0.3
9	辽宁沈阳航空部	1.94	0.2
10	浙江杭州航空部	23.97	14.1
11	福建泉州航空部	0.12	0.5
12	江苏无锡中转部	1.1	0.65

图 7-133　快速选取区域

Step 04 "中转费"和"重量"是两个不同的概念，这里出现的"总计"不符合实际情况，右击，选择"删除总计"命令，如图 7-134 所示。

行标签	中转费	重量	总计	
安徽合肥航空部	560.41	312.35	87	复制(C)
北京中转部	1741.84	504.1	224	设置单元格格式(F)...
福建泉州航空部	256.81	908.65	116	数字格式(T)...
福建沙县航空部	6.34	19.5	2	刷新(R)
福建厦门中转部	33.8	85.85	119	删除总计(V)
甘肃兰州航空部	460.67	77.05	537	值汇总依据(M) ▶
广东揭阳航空部	436.2	107.7	54	值字段设置(N)...
广东揭阳中转部	0	0.4		数据透视表选项(O)...
贵州贵阳航空部	736.1	189.35	925	隐藏字段列表(D)
海南海口航空部	242.9	69.75	31	
河北石家庄中转部	1399.66	476.45	1876.11	
河南郑州航空部	1234.02	332.2	1566.22	
黑龙江哈尔滨航空部	1848.53	285.1	2133.63	
湖北武汉航空部	1126.11	399.9	1526.01	
湖南长沙航空部	1565.22	474.6	2039.82	

图 7-134 删除"总计"

Step 05 对数据透视表再进行简单的处理，最终效果如图 7-135 所示。

目的地	中转费	重量
安徽合肥航空部	560.41	312.35
北京中转部	1741.84	504.1
福建泉州航空部	256.81	908.65
福建沙县航空部	6.34	19.5
福建厦门中转部	33.8	85.85
甘肃兰州航空部	460.67	77.05
广东揭阳航空部	436.2	107.7
广东揭阳中转部	0	0.4
贵州贵阳航空部	736.1	189.35
海南海口航空部	242.9	69.75
河北石家庄中转部	1399.66	476.45
河南郑州航空部	1234.02	332.2
黑龙江哈尔滨航空部	1848.53	285.1
湖北武汉航空部	1126.11	399.9
湖南长沙航空部	1565.22	474.6

图 7-135 各目的地中转费和重量

知识扩展：

"数据透视表和数据透视图向导"是一个非常有用的功能。

如图 7-136 所示，选择"快速访问工具栏"选项卡，在"从下列位置选择命令"下拉列表框中选择"不在功能区的命令"，在下拉列表框中找到"数据透视表和数据透视图向导"，单击"添加"按钮，然后单击"确定"按钮，即可完成"数据透视表和数据透视图向导"功能的添加。

图 7-136　添加数据透视表和数据透视图向导

如图 7-137 所示，找不到"数据透视表和数据透视图向导"的可以使用快捷键，先按 Alt+D，再按 P 就出来了。不要 3 个键一起按，切记！

图 7-137　快捷键的使用

　　按快捷键 Alt+D 就相当于调出旧版本菜单的功能，因为这个功能是 Excel 2003 的，高版本默认没有。

课后练习

　　如图 7-138 所示，借助"数据透视表和数据透视图向导"功能，实现多行多列提取不重复人员。

扫一扫 看答案

图 7-138　提取不重复人员

突破数据透视表的潜规则

扫一扫 看视频

数据透视表非常好用，但对于数据源有很多潜规则，需要特别注意。

很多朋友会发现，做出来的数据透视表有瑕疵，存在空白项、日期无法筛选或组合、求和无法得出正确的数值等。

那是因为，要建立数据透视表，数据源必须为标准表。如果你出现了上述情况，你的数据源可能存在下面几个问题。

1. 标题缺失

如图 7-139 所示，姓名这个标题没有写，直接根据数据源创建数据透视表，会弹出警告对话框，不允许创建数据透视表。

图 7-139　标题缺失不允许创建数据透视表

2. 数据用空行和标题分隔开

如图 7-140 所示，数据用空行和标题分隔开，默认情况下只选择第一个区域，下面的区域不被选中。

如图 7-141 所示，即使手工更正区域，也会出现一些多余的名称——"部门"和"（空白）"。

图 7-140　默认区域选错

图 7-141　多余名称

3. 存在不规范日期

当数据源中存在不规范日期时，会使建立后的数据透视表无法按日期进行分组，如图 7-142 所示。此时，应使用分列功能或者替换功能，规范日期格式。

图 7-142　无法分组的日期

4. 存在文本型数字

文本型数字会使数据透视表无法正确求和。在建立数据透视表之前，应使用分列功能，规范数字格式。如图 7-143 所示，文本型数字创建数据透视表，变成计数，而标准的数字创建数据透视表是求和。

图 7-143　标准数字与文本型数字创建数据透视表对比

5. 存在合并单元格

合并单元格除第一格外，其他均作为空值处理，所以在数据透视表中会出现"（空白）"项。如图 7-144 所示，"部门"使用合并单元格，统计就会出错。

图 7-144　合并单元格与标准表格创建数据透视表对比

这一节没有知识扩展和课后练习，如果自己使用的表格存在以上的情况，应及时改正过来。

第8章

图表说服力

一图抵千言，要让领导读懂你的数据，最有效的方法就是用图表说话。将你要呈现的数据用精美的图表展示出来，这样才能让人直观地看出你想表达的含义。如果你想弱化数据含义，可直接用表格体现。

扫一扫 看视频

Day68 图表的作用以及快速创建、美化图表

1. 图表的作用

木木：经过这段时间的学习，进步飞快，上班的时候变得悠闲了，工作效率大大提高。有时，还能在上班时间学点其他知识。

卢子：我总算没白教你，付出总是有收获的，日积月累，你将变得更加厉害，继续加油！

木木：现在越来越有动力学习了。

卢子：对了，你给领导看的报告有没有制作过图表？

木木：这个还真没有，我不懂图表。

卢子：那好，我先跟你介绍下图表的一些基本知识。

　　如图 8-1 所示，左边是我们汇总后的表格，右边是根据汇总制作的图表，你看哪个更加直观？

图 8-1　对比图

木木：这还用说吗？肯定是右边的图表，一目了然。

卢子：图表的本质就是可视化数据，让数据更容易解读。我们这里再将图表略做改动，效果看起来会更好。

木木：如果我早点学这个，肯定会得到领导的表扬！

2. 选择图表

🗨 卢子：如图 8-2 所示，图表也不是做得好看就行，同样的数据用不同的图表表示会相差十万八千里。

🗨 木木：这个饼图看起来确实有点混乱，那该如何选择合适的图表呢？

🗨 卢子：如图 8-3 所示，图表选择也不难，一图让你了解该如何选择。

✏ 图 8-2　用饼图展示数据　　　　　✏ 图 8-3　图表选择一览图

　　图表虽然很多，但我们用得最多的其实就 3 种：柱形图（条形图）、折线图、饼图。

🗨 木木：好，我重点看一下前面几种图表。

3. 图表的组成

🗨 卢子：下面以员工销售统计柱形图来说明一下，如图 8-4 所示。

　　不要看其中元素很多，实际上制作图表的时候，很多元素都可以省略掉的。

图 8-4　图表 9 个元素

4. 创建图表

卢子：创建图表其实非常简单。

如图 8-5 所示，选择数据源，切换到"插入"选项卡，单击"柱形图"下拉按钮，选择"簇状柱形图"选项，就会自动生成柱形图。

图 8-5　插入柱形图

创建好柱形图后，还要进行一系列美化，最简单的方法就是直接套用图表样式。

如图 8-6 所示，单击图表，切换到"图表工具|设计"选项卡，选择你喜欢的图表样式即可。

图 8-6 套用样式

知识扩展：

木木：看来还是卢子懂我，我最喜欢一步到位，直接套用图表样式。不过我还有问题，就是不太能记住选择什么样的图表合适，有什么方法可以让 Excel 自动帮我选择图表吗？

卢子：如图 8-7 所示，Excel 2016 提供了一个新功能——推荐的图表，这个对于不懂选择图表的人而言是一个福音。会根据你的数据源，提供几个合适的图表类型供你选择。

图 8-7　推荐的图表

木木：这个新功能不错，赞！

课后练习

如图 8-8 所示，根据销量统计表制作销量条形图。

图 8-8　销量条形图

Day69　一键生成两个不同量级的数据图表

扫一扫 看视频

木木：如图 8-9 所示，我按你教的方法创建图表，进行了各种美化处理，但就是始终没法将百分比在图表中体现出来。

卢子：在很多的时候，我们需要在报告中将两个不同量级的数据反映到一张图表上，如果直接根据常规方法创建图表，难度会很大。

图 8-9　数量百分比柱形图

如图 8-10 所示，Excel 2016 提供了"推荐的图表"功能，实在是太好用了。选择区域，切换到"插入"选项卡，单击"推荐的图表"按钮，出现的第一个就是柱形图和折线图的组合，能够显示出两个不同量级的数据。

图 8-10　推荐的图表

如图 8-11 所示，在"设计"选项卡中，套用一下你喜欢的图表样式。

图 8-11　套用样式

知识扩展：

在 Excel 2016 中更强大，柏拉图也能一键生成，而且还不需要辅助列统计百分比。

如图 8-12 所示，选择区域，切换到"插入"选项卡，单击"插入统计图表"下拉按钮，选择"排列图"。

图 8-12　排列图

如图 8-13 所示，可以看出 Excel 2016 还提供了很多类型的图表。

图 8-13　多种图表

这里再介绍其中一个新图表功能——瀑布图，其他靠自己摸索。

如图 8-14 所示，选择区域，切换到"插入"选项卡，单击"插入瀑布图或股价图"下拉按钮，选择"瀑布图"。

图 8-14　瀑布图

如图 8-15 所示，双击"合计"柱形，弹出"设置数据点格式"对话框，勾选"设置为汇总"复选框。

图 8-15　设置为汇总

课后练习

如图 8-16 所示，根据数据制作出各月份目标与实际对比图。

图 8-16　各月份目标与实际对比图

扫一扫 看答案

Day70　图表中事半功倍的技巧

扫一扫 看视频

 木木：如图 8-17 所示，现在数据增加了一个 7 月，除了重新创建一个图表以外，还有其他更便捷的方法吗？

图 8-17 新增数据

卢子：不需要这样，只需更改一下区域就可以了。

如图 8-18 所示，单击图表边缘处，就可以看到图表选择的区域用五颜六色标示出来。

图 8-18 单击图表边缘处

如图 8-19 所示，在区域用鼠标指针拖动更新范围，即可将 7 月份数据显示在图表上。

图 8-19 拖动 1

如图 8-20 所示，如果只是想看 1—5 月的数据，也可以这样拖动。

图 8-20　拖动 2

如图 8-21 所示，如果只想看实际的 1—7 月的数据，也可以借助拖动实现。

图 8-21　拖动 3

木木：这个拖动方法实在太好用了，省去了重新插入图表和美化图表的时间。

知识扩展：

如图 8-22 所示，这是插入图表默认的样式，如何转换成我们已经设置好的样式呢？

图 8-22　默认格式

通常我们都是直接重新设置，其实大可不必这样。

如图 8-23 所示，选择我们已经设置好样式的图表，按快捷键 Ctrl+C。

如图 8-24 所示，选中默认样式，单击"粘贴"下拉按钮，选择"选择性粘贴"选项。

图 8-23　复制

图 8-24　选择性粘贴

如图 8-25 所示，选中"格式"单选按钮，单击"确定"按钮。

图 8-25　选中"格式"单选按钮

如图 8-26 所示，即可快速将图表格式套用过来。

图 8-26　套用格式

课后练习

扫一扫 看答案

如图 8-27 所示，原来图表有 1—7 月的数据，现在如何只显示奇数月份数据。

图 8-27　显示奇数月份

Day71　动态图表简单就好

扫一扫 看视频

接上回，增加了 7 月的数据，我们就要将区域拖动一下，如果增加了 8 月的也要拖动一下，再增加 9 月还是要拖动一下，有没有一劳永逸的方法呢？

通过插入表格创建的图表，只要更新区域，图表也会自动更新。

如图 8-28 所示，单击 A1 单元格，切换到"插入"选项卡，单击"表格"按钮，在弹出的对话框中保持默认设置不变，单击"确定"按钮。

图 8-28　插入表格

如图 8-29 所示，当增加 8 月的数据时，图表也会随着自动更新，而不用鼠标拖动，非常智能。

图 8-29 自动更新

其实原理就跟我们用表格创建透视表一样，表格是自动更新区域的。

如图 8-30 所示，通过筛选，图表也会跟着自动更新。

图 8-30 筛选更新

知识扩展：

　　一般而言，我们进行数据统计都是用数据透视表，通过筛选可以实现图表自动更新。同理，我们可以通过筛选数据透视表实现动态图表。

Step 01 如图 8-31 所示，选择数据透视表任意单元格，切换到"插入"选项卡，单击"柱形图"下拉按钮，选择"簇状柱形图"选项。

图 8-31　插入柱形图

Step 02　如图 8-32 所示，调整图表位置，在"设计"选项卡中套用"图表样式"。

图 8-32　图表样式

Step 03 如图 8-33 所示，为了让图表标题更智能，可直接用公式引用 B1 单元格的内容。

图 8-33　引用标题

如图 8-34 所示，现在只要进行筛选，图表即可实现动态更新。

图 8-34　筛选

课后练习

如图 8-35 所示，根据数据源，制作一个可以根据年份动态筛选的图表。

扫一扫 看答案

图 8-35　动态图表

Day72 **制作一份商务图表**

如图 8-36 所示，这是直接套用图表样式的一张图表，不过看起来不是很专业。

专业就是体现在各种细节上，抛弃默认的图表样式。

如图 8-37 所示，配色对图表相当重要，双击柱子，单击"填充"下拉按钮，选择"其他填充颜色"选项。

图 8-36　默认图表

图 8-37　其他填充颜色

具体如何操作呢？如图 8-38 所示，切换到"自定义"选项卡，输入 RGB 数字，单击"确定"按钮。

图 8-38　自定义颜色

用同样的方法对图表的各个元素分别设置颜色。

实际的柱子 RGB 值：131，86，233。

图表区的 RGB 值：212，227，234。

绘图区的 RGB 值：157，192，207。

字体设置为黑色。

如图 8-39 所示为设置颜色后效果。

图 8-39 设置颜色后效果

如图 8-40 所示，双击网格线，设置"颜色"为白色，"透明度"为 0%，"宽度"为 1.5 磅。

图 8-40 设置网格线

如图 8-41 所示，双击柱子，设置"系列重叠"为 0%，"分类间距"为 70%。

图 8-41　设置系列

如图 8-42 所示，再稍作调整，并添加来源，一份与众不同的图表就展示在你面前了。

图 8-42　最终效果

知识扩展：

非专业人士要设置好颜色难于上青天，但是我们可以模仿专业人士的作品，从著名的 Logo 提取颜色，或者用常用的软件提取颜色。

善于借助方法来提取，无需专业软件，只需人人都有的 QQ 截图足矣。

如图 8-43 所示，登录 QQ，借助快捷键 Ctrl+Alt+A 截图，将鼠标指针放在酷狗音乐上面就出现了 RGB，然后记录下来，从各个位置提取到所需颜色，然后运用在自己的图表上。这样自己的图表配色也会变得非常专业！

图 8-43　通过 QQ 截图获取 RGB

课后练习

如图 8-44 所示，将这份很平淡的图表设计成专业的图表，配色从酷狗音乐提取。

图 8-44　很平淡的图表

第9章
作为财务不得不看的实战案例

　　做财务的学习 Excel 真的不只是为了月薪多拿一些，更重要的是与时俱进，活到老，学到老。

　　在卢子认识的人中，有不少是做财务的，年薪普遍在 30 万元以上。纵观其成功要素，有一点基本上是共通的，即 Excel 玩得炉火纯青。一句话概括：专业素养加 Excel 技能，能创造更高价值。

　　每天加班到深夜，有的时候并不是因为敬业，而是你效率低下拖了后腿。不加班的财务才是好财务！

定了！2019 年最新个税公式

1. 2019 年以前个税计算方法

如图 9-1 所示，个税免征额由原来的 3500 元变成 5000 元。

月应纳税所得额	税率%
不超过3000元 （现行：不超过1500元）	3
超过3000元至12000元部分 （现行：超过1500元至4500元部分）	10
超过12000元至25000元部分 （现行：超过4500元至9000元部分）	20
超过25000元至35000元部分 （现行：超过9000元至35000元部分）	25
超过35000元至55000元部分 （与现行的一致）	30
超过55000元至80000元部分 （与现行的一致）	35
超过80000元部分 （与现行的一致）	45

✏️ 图 9-1　新旧个税对比

如图 9-2 所示，调整后，你一个月能省多少钱呢？

月应缴纳所得额	调整前纳税额	调整后纳税额	省多少
5000	45	0	45
6000	145	30	115
7000	245	60	185
8000	345	90	255
9000	545	190	355
10000	745	290	455
11000	945	390	555
12000	1145	490	655
13000	1370	590	780
14000	1620	690	930

作者：Excel不加班

✏️ 图 9-2　省多少钱

旧个税公式：

```
=ROUND(MAX((A4-3500)*{0.03;0.1;0.2;0.25;0.3;0.35;0.45}-{0;105;
555;1005;2755;5505;13505},0),2)
```

新个税公式：

```
=ROUND(MAX((A4-5000)*{0.03;0.1;0.2;0.25;0.3;0.35;0.45}-{0;210;1410;
2660;4410;7160;15160},0),2)
```

2. 2019 年开始实施的个税计算方法

与之前旧个税计算方法的最大区别就是采用累计计算方法，正因为如此，以后做工资的时候，可能采用每个人一张表的形式，记录 12 个月的数据。

如图 9-3 所示，采用的是手工计算方法。

 图 9-3　手工计算个税

如图 9-4 所示，这是个税对应表。

图 9-4　个税对应表

现在轮到在 Excel 中计算了，每个月的月应缴纳所得额和各种扣除金额都不一样，要获取全年每个月的个税，如图 9-5 所示。

图 9-5　全年每个月的个税

月应缴纳所得额采用累加的方法：

```
=SUM(B$4:B4)
```

扣除金额也采用累加的方法：

```
=SUM(C$4:C4)
```

这里的扣除金额，是指扣除 5000 元的免征额还有三险一金和 6 项专项附加扣除，实际工作中可以分成几列详细说明。

最终个税公式：

```
=ROUND(MAX((SUM(B$4:B4)-SUM(C$4:C4))*{0.03;0.1;0.2;0.25;0.3;0.35;0.45}-
{0;2520;16920;31920;52920;85920;181920},0)-SUM(D$3:D3),2)
```

如果想要了解个税公式的来龙去脉可以往下看，否则到这里就可以了。

之前的个税是按月计算的，如图 9-6 所示。

2019 年是按年计算的，也就是 H 列全部乘以 12 就得到了最新的，其他的金额也依次变动，如图 9-7 所示。

图 9-6　旧个税

图 9-7　新个税

知道含税级距和税率的情况下，如何得到速算扣除数？这个应该是很多会计关心的问题，今天卢子就教你运算原理，以后如果个税再有变动，自己也可以轻松搞定。

速算扣除数计算方法：

= 本级临界值 *（本级比例 - 上级比例）+ 上级扣除数

好，有了该方法，一切就变得很简单。

将临界值手工写出来，在K4输入0，K5输入公式，下拉公式计算速算扣除数，如图9-8所示。

```
=H5*(J5-J4)+K4
```

图9-8　计算速算扣除数

区域K4:K10的内容，如何变成 {0;2520;16920;31920;52920;85920;181920} 的？

这个真的不是手写的，而是输入公式后，在编辑栏按F9键（或Fn+F9）得到的，如图9-9所示。

图9-9　按F9键转换

转换后效果如图9-10所示。

图9-10　转换后效果

Day 74　一通百通，计算阶段销售额提成不发愁

如图 9-11 所示，提成是按阶段计算的，销售额不超过 3000 元没提成；3000 ～ 6000 元，提成比例为 15%；6000 ～ 8000 元，提成比例为 19%；8000 ～ 20000 元，提成比例为 22%；超过 20000 元，提成比例为 23%。

举个例子，现在卢子的销售额是 9567，提成金额就是：

```
=3000*15%+2000*19%+1567*22%
```

如果不懂方法，要计算提成是非常困难的。

将刚刚的内容转换成表格，看起来就非常直观了，如图 9-12 所示。

	A	B	C
1	人员	销售额	提成
2	卢子	9567	1174.74
3	张三	8579	957.38
4	李四	12547	1830.34
5	王五	15894	2566.68
6	赵六	2352	0
7	陈锡卢	4748	262.2
8	飞鱼	15024	2375.28
9	无言	15300	2436
10	糖糖	16460	2691.2
11	清风	9565	1174.3
12	芦苇	9635	1189.7
13			

图 9-11　根据销售额计算提成

可提成销售额	提成比例
不超过3000元	0%
超过3000元至6000元	15%
超过6000元至8000元	19%
超过8000元至20000元	22%
超过20000元	23%

图 9-12　提成对应表

如图 9-13 所示，我们再对比一下个税的对应表，是不是很像？

含税级距	税率	速算扣除数
不超过1500元	3%	0
超过1500元至4500元	10%	105
超过4500元至9000元	20%	555
超过9000元至35000元	25%	1005
超过35000元至55000元	30%	2755
超过55000元至80000元	35%	5505
超过80000元	45%	13505

图 9-13　个税对应表

现在少了一个速算扣除数，这个是怎么计算出来的呢？

速算扣除数计算方法:

= 本级临界值 * (本级比例 - 上级比例) + 上级扣除数

好, 有了这个方法, 一切就变得很简单。

Step 01 将临界值手工写出来, 如图 9-14 所示。

Step 02 在 I2 输入 0, I3 输入公式, 下拉公式计算速算扣除数, 如图 9-15 所示。

=F3*(H3-H2)+I2

图 9-14　临界值　　　　　　　　　　　　图 9-15　计算速算扣除数

Step 03 前面准备工作做好了, 再套用原来的个税公式, 就可以搞定了。在 C2 输入公式, 按 Ctrl+Shift+Enter 组合键结束, 并下拉填充公式, 如图 9-16 所示。

=MAX(B2*$H$2:$H$6-$I$2:$I$6,0)

图 9-16　计算提成

Step 04 如果觉得提成表在那里影响美观，可以选择区域，右击，选择"隐藏"，如图9-17所示。

图9-17　隐藏

在学习的过程中，要学会灵活运用，多思考一下，很多知识都是相通的，只是换了一个场景而已。关于金额要嵌套 ROUND 函数，下节内容会详细说明。

 Day75　会计最怕算错账

"陈会计，你看是不是算错了？"

"笑话，我当会计十几年了！"

网友1：如图9-18所示，D列数据为C/1.17，设置单元格格式保留两位小数，但是这样与用手工计算器加起来的数据对比会出现相差0.01的情况，如何消除此差异？

商品名称	数量	销售金额	商品销售收入
电烫斗	206	44,310.00	37,871.79
电烫斗	86	13,528.00	11,562.39
电烤炉	200	24,600.00	21,025.64
电蒸笼	10	1,500.00	1,282.05
隔水炖	54	10,692.00	9,138.46
合计:	556.00	94,630.00	80,880.34
		计算器	80880.33

图9-18　计算器与 Excel 计算有差异

网友2：对啊，怎么解决呢，正好碰到这个问题。

笑话，我当会计十几年了，计算器按得出神入化，一定是 Excel 在坑我。

🙋 卢子： 跟钱有关的都要在外面嵌套一个 ROUND 函数，作为会计，你连这个最基本的常识都不知道吗？

将单元格格式设置为数值并保留 2 位小数，只是看起来是 2 位而已。将单元格格式改成常规就发现了秘密，原来小数点后 2 位的后面还有一堆数字，这样就会导致有时相差一分钱，如图 9-19 所示。

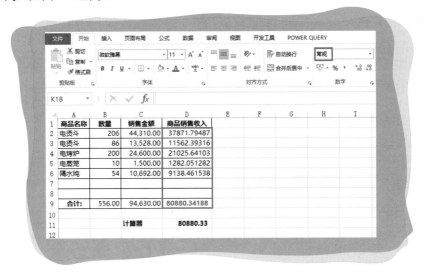

图 9-19 设置为常规后效果

将 D2 的公式改成：

```
=ROUND(C2/1.17,2)
```

这样账就对上了，如图 9-20 所示。

ROUND 函数的作用是对数字进行四舍五入，参数 2 就是要保留小数点后几位，2 就是 2 位，0 就是没有小数。还有一种特殊情况，就是负数，比如 -2，就是精确到 100，这种是针对大资金的，如图 9-21 所示。

图 9-20　计算器与 Excel 计算一致

图 9-21　设置 ROUND 函数第 2 参数

Day 76　教你轻松制作工资条

扫一扫 看视频

　　制作工资条的方法非常多，通过技巧制作而成的，下个月又得重新操作一遍，而借助公式生成的却能一劳永逸，是上上之选。

　　借助搜索引擎，得到的第一条内容是这样的，如图 9-22 所示。

图 9-22　搜索结果

　　如图 9-23 所示，打开一看，里面的公式是比较复杂，估计会吓跑一大堆初学者！

Excel 工资条的做法（单行表头）
1.新建工作表(Sheet2)，将 Sheet1 第 1 行单位信息复制到 Sheet2 的第 1 行
2.在 Sheet2 的 A2 单元格输入公式：

=IF(MOD(ROW(),2)=0,sheet1!A$2,INDEX(sheet1!$A:$U, INT((ROW()+3)/2),COLUMN()))
并拖动复制到所有单元格
3.设置打印区域的边框线、字号、行距，工具-选项-视图中去掉"零值"前的勾

 图 9-23　复杂的公式

而实际上，这个借助 VLOOKUP 函数能轻松生成，搜索引擎误导人啊。

今天，卢子就教你如何轻松制作工资条，包括单行表头和双行表头的工资条。

如图 9-24 所示是单行表头的数据源。

	A	B	C	D	E	F
1	序号	姓名	底薪	全勤奖	电脑补助	实际工资
2	1	魏梅芳	1850	100	100	2050
3	2	李小玲	1850		100	1950
4	3	余娟屏	1850	100	100	2050
5	4	叶森平	1550		100	1650
6	5	周中书	1850	100	100	2050
7	6	李翰铮	2000	100	100	2200
8	7	邹少辉	1800	100	100	2000
9	8	邓天华	1900	100	100	2100
10	9	陈伟林	1600	100	100	1800
11	10	周志安	1500	100	100	1700
12	11	肖山	1200	100	100	1400
13	12	陈金顺	1500	100	100	1700
14						

 图 9-24　单行表头

Step 01 将表头复制到新表格，在 A2 输入数字 1，如图 9-25 所示。

	A	B	C	D	E	F
1	序号	姓名	底薪	全勤奖	电脑补助	实际工资
2	1					
3						
4						

图 9-25　复制表头

Step 02　在 B2 输入公式，向右拖动公式就可以生成，如图 9-26 所示。

=VLOOKUP($A2,单行表头!$A:$F,COLUMN(),0)

图 9-26　输入公式

COLUMN 函数在这里的作用就是依次获取第 2 列、第 3 列……第 N 列，如图 9-27 所示。

图 9-27　生成列号

Step 03　选择 A1:F3，将鼠标指针放在右下角，当其变为"+"形时，向下拖动，如图 9-28 所示。

图 9-28　生成工资条

简单三步，就完成了单行表头工资条的制作，如图 9-29 所示。

图 9-29　单行表头工资条效果

如图 9-30 所示，是双行表头的数据源。

序号	姓名	底薪	额外		实际工资
			全勤奖	电脑补助	
1	魏梅芳	1850	100	100	2050
2	李小玲	1850		100	1950
3	余嫦屏	1850	100	100	2050
4	叶森平	1550		100	1650
5	周中书	1850	100	100	2050
6	李翰挣	2000	100	100	2200
7	邹少辉	1800	100	100	2000
8	邓天华	1900	100	100	2100
9	陈伟林	1600	100	100	1800
10	周志安	1500	100	100	1700
11	肖志山	1200	100	100	1400
12	陈金顺	1500	100	100	1700

图 9-30　双行表头

其实借助 VLOOKUP 函数，不管单行表头和双行表头，操作都是一样的简单。

Step 01　将表头复制到新表格，在 A3 输入数字 1，如图 9-31 所示。

图 9-31　复制表头

Step 02 在 B3 输入公式，向右拖动公式就可以生成，如图 9-32 所示。

```
=VLOOKUP($A3,双行表头!$A:$F,COLUMN(),0)
```

图 9-32　复制公式

Step 03 选择 A1:F3，将鼠标指针放在右下角，当其变为"+"形时向下拖动，如图 9-33 所示。

图 9-33　生成工资条

简单三步，就完成了双行表头工资条的制作，如图 9-34 所示。

图 9-34　双行表头工资条效果

工资条制作是不是很简单？

不要崇尚"高大上"的技能，简单实用就好。

扫一扫，查看 VLOOKUP 函数视频。

 Day77　你要的工资表、工资条智能查询功能来了

扫一扫 看视频

1. 工资表查询

这个其实是借助条件格式实现的障眼法，其实内容都还在，然后进行工作表加密处理。

Step 01 选择工资表区域，单击"条件格式"→"新建规则"，如图 9-35 所示。

图 9-35　新建规则

Step 02 打开"新建格式规则"对话框，在"选择规则类型"列表框中选择"使用公
式确定要设置格式的单元格"，在"为符合此公式的值设置格式"框中输入
下面的公式，将字体格式设置为白色，单击"确定"按钮，如图 9-36 所示。

```
=$E$1<>"Excel 不加班 "
```

图 9-36　设置公式和格式

设置完后，因为现在 E1 没有输入密码，所以看见的是空白，如图 9-37 所示。

	A	B	C	D	E	F
1				密码		
2						
3	姓名	性别	职业	学历	身份证	工资
4						
5						
6						
7						
8						
9						
10						
11						
12						
13						
14						
15						
16						

图 9-37　没输入密码效果

只有输入正确的密码"Excel 不加班"，才能显示内容，如图 9-38 所示。

	A	B	C	D	E	F
1				密码	Excel不加班	
2						
3	姓名	性别	职业	学历	身份证	工资
4	徐新凯	男	行政	高中	440304198511080015	6492
5	杨爱丽	男	行政	初中	440304198511080031	4023
6	王军	女	财务	小学	440304198511080228	5814
7	吴晓静	男	行政	大专	440304198511080074	6744
8	周慧慧	男	品质	大专	440304198511080090	6956
9	张银红	男	品质	大专	440304198511080111	5390
10	李峰	女	财务	大专	440304198511080448	5249
11	陆国峰	男	财务	初中	440304198511080154	7003
12	吴国辉	男	财务	初中	440304198511080170	6247
13	孔祥龙	女	生产	高中	441304198511080127	3907
14	顾青青	男	生产	大专	440304198511080218	2469
15	徐洪奎	男	财务	小学	440304198511080234	6983
16	颜炳年	男	行政	大专	440304198511080250	7101
17						

图 9-38　输入正确密码后效果

这样是不是就 OK 了？当然不是啦，还需要对工作表进行加密处理，否则是允许别人查看和修改内容的。

Step 03 全选工作表，按快捷键 Ctrl+1，在弹出的"设置单元格格式"对话框中选择"保护"选中卡，勾选"锁定"和"隐藏"复选框，单击"确定"按钮，如图 9-39 所示。

图 9-39 设置锁定和隐藏

Step 04 选择 E1 单元格，按快捷键 Ctrl+1，在弹出的"设置单元格格式"对话框中选择"保护"选项卡，取消勾选"锁定"和"隐藏"复选框，单击"确定"按钮，如图 9-40 所示。

图 9-40 取消锁定和隐藏

Step 05 在"审阅"选项卡中单击"保护工作表"按钮，在弹出的"保护工作表"对话框中设置密码，单击"确定"按钮；在弹出的对话框中再重复输入密码，单击"确定"按钮，如图 9-41 所示。

图 9-41　保护工作表

2. 工资条查询

根据身份证后 6 位查询工资条，其实就是借助函数实现查询，此外也要增加工作表保护，如图 9-42 所示。

图 9-42　查询工资条

查询对应值，不是 VLOOKUP 函数就是 LOOKUP 函数，这里选用 LOOKUP 函数来操作。

在查询表的 A4 单元格中输入公式，右拉就实现了全部查询。记住这条公式要原封不动地复制进去，别乱改！

=LOOKUP(1,0/(RIGHT(工资表 !$E$4:$E$16,6)=$F$1), 工资表 !A$4:A$16)

RIGHT 函数的功能就是提取身份证后 6 位。LOOKUP 函数语法：

=LOOKUP(1,0/(查找区域 = 查找值), 返回区域)

可能有的人运用该公式，输入后 6 位身份证号码，还是不能查询到工资，那可能就是由于 F1 单元格没有设置格式为文本。RIGHT 函数提取出来的是文本格式，如果是常规格式，则不能直接比较，还有就是身份证后 6 位可能是以 0 开头的，如果没有设置文本格式，前面的 0 会消失，也会导致出错。

工作表保护部分参考上一个案例。

Day78 批量发送工资条，每月可以为你节省 2 个小时的神奇功能

很多公司每个月都会批量发送工资条给员工，但由于工资信息是隐私的，因此工资条只能发给对应的员工。如果一个个发送，需要耗费几个小时，非常吃力不讨好。但只要学会这个功能，就能轻松群发工资条，节省很多时间。

考虑到很多读者没用过邮件合并这个功能，因此对于每个步骤，笔者都会详细截图。以下步骤看似很多，但操作起来秒快。

Step 01 准备一张 Excel 工资表，最后一列录入所有人的邮箱，金额全部设置为货币格式，如图 9-43 所示。

	A	B	C	D	E	F
1	姓名	底薪	实际薪金	应发薪金	实发薪金	邮箱
2	陈镖卢	¥1,850.00	¥1,850.00	¥2,050.00	¥2,050.00	chen713@foxmail.com
3	李小玲	¥1,850.00	¥1,850.00	¥2,050.00	¥2,050.00	872245776@qq.com
4	余姻屏	¥1,850.00	¥1,850.00	¥2,050.00	¥2,050.00	872245777@qq.com
5	叶森平	¥1,550.00	¥1,550.00	¥1,750.00	¥1,750.00	872245778@qq.com
6	周中书	¥1,850.00	¥1,850.00	¥1,950.00	¥1,250.00	46152133@qq.com
7	卢子	¥2,000.00	¥1,933.33	¥1,981.67	¥1,681.67	872245780@qq.com
8						

图 9-43　工资表

说明：Excel 表中所有的数字必须调整成货币格式并且加上货币符号，否则关联完小数点后会莫名地出现很多类似无限循环的数字，如图 9-44 所示。

图 9-44　小数点无限循环

Step 02　将要发送内容的表头复制到 Word 中，下面一行的所有内容清除，如图 9-45 所示。

图 9-45　复制表头到 Word

Step 03　单击"邮件"→"开始邮件合并"→"电子邮件"，如图 9-46 所示。

图 9-46　电子邮件

Step 04 单击"选择收件人"→"使用现有列表",如图 9-47 所示。

图 9-47　使用现有列表

Step 05 找到记录工资明细的工作簿,单击"打开"按钮,如图 9-48所示。

图 9-48　找到指定工作簿

Step 06 单击"确定"按钮,如图 9-49
所示。

图 9-49　选择表格

Step 07 将光标放在相应的单元格，单击"插入合并域"，选择相应的标题，如"底薪"，重复操作，将所有内容插入完毕，如图 9-50 所示。

图 9-50　插入合并域

Step 08 单击"完成并合并"→"发送电子邮件"，如图 9-51 所示。

Step 09 在"收件人"下拉列表框中选择邮箱，"主题行"根据需求输入，然后单击"确定"按钮，如图 9-52所示。

图 9-51　发送电子邮件

图 9-52　合并到电子邮件

Step 10 Outlook 账户已经登录的情况下，几分钟就可以全部发送完毕。收到的邮件就是这样的，如图 9-53 所示。

如图 9-54 所示，如果不知道如何登录 Outlook 账户，可以百度搜索一下相关教程。

下个月的工资数据重新更新后，只要在 Word 中单击"发送电子邮件"按钮即可，真正实现了一劳永逸。

图 9-53 收到的邮件

图 9-54 登录 Outlook

Day79 **再忙也要把这两招对账技能学会**

每年对账，有不少财务人员都是用最原始的手工方法逐笔勾挑的，非常浪费时间。今天，卢子教你两招很实用的对账方法，可以节省不少时间。

1. 第一招

现在有两张表，即银行账和手工账，需要对其进行核对。在实际对账的时候，只有银行账的借方金额和手工账的贷方金额可以核对，其他的信息都是不同的。

如图 9-55 所示是从银行下载的明细表。

图 9-55 银行账

如图 9-56 所示是手工账的明细表。

图 9-56　手工账

当金额都是唯一值的时候可以用 VLOOKUP 函数进行查找核对，但大多数情况下，金额是有可能出现多次的。有重复值的情况下用 VLOOKUP 函数查找就会出错。

对账要满足两个条件：

● 金额一样。

● 金额出现的次数也一样。

举个例子，10 元在银行账这张表中出现 2 次，在手工账这张表中也出现 2 次，证明这个金额是正确的，也就是 TRUE，否则就是 FALSE。

统计金额的次数，可以用 COUNTIF 函数。该函数语法如下，如图 9-57 所示。

```
=COUNTIF(条件区域，条件)
```

图 9-57　COUNTIF 函数语法示意图

在手工账表中，现在要统计每个贷方金额出现的次数，如图 9-58 所示。

	A	F	G	H	I
1	凭证字号	借方金额	贷方金额	方向	
2	记 - 3		146.14	借	1
3	记 - 4		620.00	借	1
4	记 - 5		3,000.00	借	1
5	记 - 6		1,131.00	借	1
6	记 - 7		1,597.00	借	1
7	记 - 12		24,832.10	借	1
8	记 - 13		15,818.00	借	1
9	记 - 14		2,053.37	借	1
10	记 - 15		272.00	借	1
11	记 - 16		540.00	借	1
12	记 - 17		1,797.10	借	1
13	记 - 18		725.10	借	1
14	记 - 20		3,331.00	借	1
15	记 - 21		19,681.50	借	1
16	记 - 22		10,000.00	借	4

I2　=COUNTIF(G:G,G2)

图 9-58　统计贷方金额出现的次数

统计金额在银行账表中出现的次数：

=COUNTIF(银行 !B:B,G2)

两个公式综合起来：

=COUNTIF(G:G,G2)=COUNTIF(银行 !B:B,G2)

将有问题的金额（FALSE）筛选出来，只对这些有问题的进行核对，会减轻很多工作量。

如 图 9-59 所示，选 择 任 意 一 个 FALSE 的单元格，右击，选择"筛选"→"按所选单元格的值筛选"命令。

图 9-59　按所选单元格的值筛选

如图 9-60 所示，就是筛选后的效果。

图 9-60　筛选后效果

手工账核对完，银行账也可以用同样方法进行核对。

2. 第二招

系统表与手工表两张表，必须满足客户名称、金额、日期、出账状态完全相同才是正确的。

如图 9-61 所示，是从系统下载的明细表。

如图 9-62 所示，是手工录入的明细表。

图 9-61　系统表

图 9-62　手工表

思路 1：将 4 个条件合并起来，在另外一个表进行查找，有对应值就是正确的。

条件查找的万能公式：

=LOOKUP(1,0/((条件1)*(条件2)*(条件3)*(条件n)),返回区域)

如图 9-63 所示，在手工表的 E2 输入公式，并向下填充公式，显示 #N/A 的就是错误的。

=LOOKUP(1,0/((系统!$A$2:$A$20=A2)*(系统!$B$2:$B$20=B2)*(系统!$C$2:$C$20=C2)*(系统!$D$2:$D$20=D2)),系统!$D$2:$D$20)

图 9-63 应用 LOOKUP 函数后效果

用同样的方法，在系统表的 E2 输入公式，并向下填充公式，显示 #N/A 的就是错误的。

=LOOKUP(1,0/((手工!$A$2:$A$20=A2)*(手工!$B$2:$B$20=B2)*(手工!$C$2:$C$20=C2)*(手工!$D$2:$D$20=D2)),手工!$D$2:$D$20)

这样就能找出两个表不同的内容，再筛选出 #N/A 即可。

思路 2：将 4 个条件合并起来，在另外一个表进行计数，次数等于 1 就是正确的。

条件计数的万能公式：

=COUNTIFS(条件区域1,条件1,条件区域2,条件2,条件区域3,条件3,条件区域n,条件n)

如图 9-64 所示，在手工表的 E2 输入公式，并向下填充公式，显示 0 的就是错误的。

=COUNTIFS(系统 !$A$2:$A$20,A2, 系统 !$B$2:$B$20,B2, 系统 !$C$2:$C$20,C2, 系统 !$D$2:$D$20,D2)

	A	B	C	D	E
1	客户名称	金额	日期	出账状态	核对
2	卢子	52.00	2017-11-1	已放款	0
3	张三	620.00	2017-11-1	已放款	1
4	李四	3,000.00	2017-11-2	已放款	1
5	王五	1,597.00	2017-11-3	已放款	1
6	赵六	10,000.00	2017-11-3	已放款	1
7	卢子	100,000.00	2017-11-3	已放款	0
8	卢子	258.00	2017-11-4	已放款	0
9	卢子	1,131.00	2017-11-4	已放款	1
10	卢子	520.00	2017-11-4	已放款	1
11	李四	360.05	2017-11-4	已放款	1
12	王五	2,327.50	2017-11-4	已放款	1
13	赵六	2,327.50	2017-11-4	已放款	1
14	赵六	60,000.00	2017-11-5	待放款	1
15	赵六	2,680.00	2017-11-6	已放款	1
16	李四	24,832.10	2017-11-8	待放款	1
17	李四	15,818.00	2017-11-9	已放款	1
18	李四	10,000.00	2017-11-10	已放款	1
19	李四	2,053.37	2017-11-11	已放款	1

图 9-64　用 COUNTIFS 函数后效果

用同样的方法，在系统表的 E2 输入公式，并向下填充公式，显示 0 的就是错误的。

=COUNTIFS(手工 !$A$2:$A$20,A2, 手工 !$B$2:$B$20,B2, 手工 !$C$2:$C$20,C2, 手工 !$D$2:$D$20,D2)

这样就能找出两个表不同的内容，再筛选出 0 即可。

说明：如果手工表存在空格或者格式与系统表不一致，必须先进行处理，将手工表和系统表都整理成规范表格再对账。

扫描下方二维码，可查看更多对账方法。

Day80　用最快的方法将金额合计为 540.00 的银行明细找出来

手工记录的时候都是记录每一笔账的总金额，而实际上银行明细有的时候是多条记录的，现在要将贷方金额为 540.00 的银行明细找出来，如图 9-65 所示。

如果不懂方法，这需要花费大量的时间和精力，而借助规划求解的功能可以快速帮你实现。

默认情况下，Excel 是没有规划求解功能的，需要重新加载才可以。

单击"文件"→"选项"→"加载项"→"转到"，如图 9-66 所示。

图 9-65　凑金额

图 9-66　加载项

勾选"分析工具库"和"规划求解加载项"，单击"确定"按钮，如图 9-67 所示。

这样就可以在"数据"选项卡右边看到"规划求解"功能了，如图 9-68 所示。

图 9-67　勾选加载项

图 9-68　规划求解

Step 01 在 D2 输入公式，如图 9-69 所示。

=SUMPRODUCT(A2:A67,B2:B67)

图 9-69　输入公式

Step 02 在"数据"选项卡中单击"分析"组中"规划求解"按钮，在弹出的"规划求解参数"对话框中设置"设置目标"为 $D$2，"目标值"为 540.00，"通过更改可变单元格"为 $B$2:$B$67，单击"添加"按钮，如图 9-70 所示。

Step 03 在弹出的"添加约束"对话框中设置"单元格引用"为 $B$2:$B$67，在中间的下拉列表框中选择 bin，设置"约束"为二进制，单击"确定"按钮，如图 9-71 所示。

图 9-70　设置参数

图 9-71　添加约束

Step 04 设置完条件，单击"求解"按钮，如图 9-72 所示。

图 9-72　求解

Step 05 经过大概 1 分钟就将目标值计算出来了，单击"确定"按钮，如图 9-73 所示。

图 9-73 规划求解结果

Step 06 这样 B 列为 1 的就是满足条件的值。选择任意一个 1，右击，选择"筛选"→"按所选单元格的值筛选"，如图 9-74 所示。

图 9-74 按所选单元格的值筛选

这样就将所有符合条件的金额筛选出来了，如图 9-75 所示。

图 9-75　最终结果

当然规划求解也不是万能的，当数据比较多的时候也是求解不出来，这时便需要借助于超级复杂的 VBA 代码。

VBA 代码由香川群子编写、会飞的鱼修改，如图 9-76 所示只是一小部分代码而已，全部代码非常长。

图 9-76　部分代码

将明细的金额复制到 A 列，在 B2 输入目标值 540.00，单击"开始凑金额"按钮，如图 9-77 所示。

图 9-77 代码操作方法

瞬间就将满足条件的组合值列在 F 列，如图 9-78 所示。

图 9-78 运行效果

只需单击即可瞬间完成。其实这个动作背后隐藏的付出，只有原创作者本人才知道。向辛苦编写代码的原创作者致敬，原始表格会在素材中提供。

Day81 账龄最简单的处理方法

账龄指公司尚未收回的应收账款的时间长度，企业通常按照各自合理的周转天数

姓名	约定回款日期	应收账款余额	天数
卢子	2017-7-2	5545	172
张三	2017-12-3	4310	18
李四	2017-12-4	7005	17
王五	2017-12-5	5960	16
赵六	2017-12-6	9865	15
陈锡卢	2017-3-4	2257	292
飞鱼	2017-3-5	5661	291
无言	2017-3-6	5930	290
糠糠	2017-3-7	1039	289
清风	2017-7-4	6570	170
芦苇	2017-6-4	2649	200
燕子	2017-7-5	5710	169
郭大侠	2017-9-6	2980	106
大陆	2017-8-7	8661	136
丹语	2017-12-8	2220	13
宏宇	2017-11-9	7995	42

图 9-81　获取天数

DATEDIF 函数是计算两个日期之间的天数、月数或年数，属于隐藏函数，也就是输入函数的时候不提示有这个函数存在，必须手工完整输入全部函数，跟平常的函数不同，如图 9-82 所示。

图 9-82　没有函数提示

函数语法：

`=DATEDIF（起始日期，结束日期，返回类型）`

参数 3 返回类型共有 6 种：
- "y" 时间段中的整年数。
- "m" 时间段中的整月数。
- "d" 时间段中的天数。
- "md" 日期中天数的差，忽略日期中的月和年。

- "ym" 日期中月数的差，忽略日期中的日和年。
- "yd" 日期中天数的差，忽略日期中的年。

当然这里直接用两个日期相减，然后设置单元格为常规格式也可以实现。

```
=NOW()-B2
```

获取区间的对应值，可以借助 VLOOKUP 函数的模糊查找来完成，如图 9-83 所示。

```
=VLOOKUP(NOW()-B2,G:H,2)
```

```
=VLOOKUP(DATEDIF(B2,NOW(),"d"),G:H,2)
```

▲	A	B	C	D
1	姓名	约定回款日期	应收账款余额	区间
2	卢子	2017-7-2	5545	120天以上
3	张三	2017-12-3	4310	30天以内
4	李四	2017-12-4	7005	30天以内
5	王五	2017-12-5	5960	30天以内
6	赵六	2017-12-6	9865	30天以内
7	陈锡卢	2017-3-4	2257	120天以上
8	飞鱼	2017-3-5	5661	120天以上
9	无言	2017-3-6	5930	120天以上
10	糖糖	2017-3-7	1039	120天以上
11	清风	2017-7-4	6570	120天以上
12	芦苇	2017-6-4	2649	120天以上
13	燕子	2017-7-5	5710	120天以上
14	郭大侠	2017-9-6	2980	61-120天
15	大陆	2017-8-7	8661	120天以上
16	丹语	2017-12-8	2220	30天以内
17	宏宇	2017-11-9	7995	31-60天

 图 9-83　获取区间

这里用 TODAY 函数取代 NOW 函数也可以。善于借助辅助列，可使公式更简洁！如果不借助辅助列，公式看起来会很长。

```
=VLOOKUP(DATEDIF(B2,NOW(),"d"),{0,"30 天以内 ";31,"31-60 天 ";61,"61-120
天 ";121,"120 天以上 "},2)
```

Step 02　单击 A1，切换到 "插入 " 选项卡，单击 "数据透视表 " 按钮，弹出 "创建数据透视表 " 对话框，这时数据透视表会自动帮你选择好区域，保持默认不变，单击 "确定 " 按钮，如图 9-84 所示。

图 9-84　创建数据透视表

Step 03 将"姓名"拉到行字段，"区间"拉到列字段，"应收账款余额"拉到值字段，如图 9-85 所示。

图 9-85　布局

Step 04 区间 120 天以上这个排序与预期的不一样，将鼠标指针放在"120 天以上"这个单元格的边缘，出现拖动的箭头，直接拖到"61 ~ 120 天"后面，如图 9-86 所示。

图 9-86　拖动排序

单击"总计"这个单元格，右击，选择"删除总计"，如图 9-87 所示。
再进行简单的处理就完成了，最终效果如图 9-88 所示，

姓名	30天以内	31-60天	61-120天	120天以上
陈楊卢				2257
大陆				8661
丹语	2220			
飞鱼				5661
郭大侠			2980	
宏宇		7995		
李四	7005			
卢子				5545
芦苇				2649
清风				6570
糖糖				1039
王五	5960			
无言				5930
燕子				5710
张三	4310			
赵六	9865			
总计	29360	7995	2980	44022

图 9-87　删除"总计"　　　　图 9-88　最终效果

Day82　逾期还款提醒，你会吗

　　如图 9-89 所示，在 Excel 中，怎样快速将超过约定还款日期 60 天未还款的项目找出来呢？

图 9-89　应收账款余额明细表

1. 筛选法

D 列打勾（√）的表示已还款，现在要找出的是 D 列为空单元格，且 B 列约定还款日期是 60 天之前的内容。

Step 01 满足多个条件可以用 AND 函数，在 E2 输入如下公式。

`=AND(D2="",NOW()-B2>60)`

这里，用 TODAY 函数取代 NOW 函数也可以，其作用一样，就是获取当天的日期，满足条件的值就显示 TRUE，不满足就显示 FALSE，如图 9-90 所示。

图 9-90　逾期判断

Step 02 将 TRUE 筛选出来，单击任意一个含有 TRUE 的单元格，右击，选择"按所选单元格的值筛选"，如图 9-91 所示。

图 9-91　按所选单元格的值筛选

这样就将符合条件的值筛选出来了，如图 9-92 所示。

图 9-92　筛选后效果

2. 条件格式法

如果不想用辅助列，也可以直接用条件格式进行设置。使用条件格式时，公式会略有差异，必须锁定列号，否则会出错。

```
=AND($D2="",NOW()-$B2>60)
```

Step 01 选择区域 A2:D17（区域非常重要，选错了得出来的结果就会错），单击"条件格式"下拉按钮，在弹出的下拉列表中选择"新建规则"，如图 9-93 所示。

图 9-93　新建规则

Step 02 弹出"新建格式规则"对话框，在"选择规则类型"列表框中选择"使用公式确定要设置格式的单元格"，在"为符合此公式的值设置格式"框中输入公式，单击"格式"按钮，如图 9-94 所示。

```
=AND($D2="",NOW()-$B2>60)
```

图 9-94　输入条件格式的公式

Step 03　在弹出的对话框中选择"填充"选项卡，设置红色背景色，单击"确定"按钮，如图 9-95 所示。

图 9-95　设置红色背景色

Step 04　返回"新建格式规则"对话框，单击"确定"按钮，如图 9-96 所示。

图 9-96　确定

这样符合条件的值将显示红色背景色，如图 9-97 所示。

	姓名	约定回款日期	应收账款余额	已还款
卢子	2017-7-2	5545	√
张三	2017-12-3	4310	
李四	2017-12-4	7005	
王五	2017-12-5	5960	
赵六	2017-12-6	9865	
陈锡卢	2017-3-4	2257	√
飞鱼	2017-3-5	5661	√
无言	2017-3-6	5930	√
糖糖	2017-3-7	1039	√
清风	2017-7-4	6570	√
芦苇	2017-6-4	2649	√
燕子	2017-7-5	5710	√
郭大侠	2017-9-6	2980	
大陆	2017-8-7	8661	
丹语	2017-12-8	2220	
宏宇	2017-11-9	7995	

✏️ 图 9-97 条件格式效果

按这种方法设置的效果是逾期 60 天未还款，突显。姓名为"大陆"的人还款以后，单元格就不再有背景色提醒，如图 9-98 所示。

	姓名	约定回款日期	应收账款余额	已还款
卢子	2017-7-2	5545	√
张三	2017-12-3	4310	
李四	2017-12-4	7005	
王五	2017-12-5	5960	
赵六	2017-12-6	9865	
陈锡卢	2017-3-4	2257	√
飞鱼	2017-3-5	5661	√
无言	2017-3-6	5930	√
糖糖	2017-3-7	1039	√
清风	2017-7-4	6570	√
芦苇	2017-6-4	2649	√
燕子	2017-7-5	5710	√
郭大侠	2017-9-6	2980	
大陆	2017-8-7	8661	√
丹语	2017-12-8	2220	
宏宇	2017-11-9	7995	

✏️ 图 9-98 还款以后效果

如果不按逾期 60 天提醒，而是按还款当月提醒，那么通过更改条件格式的公式也可以实现。比如今天是 2017-12-21，当月就是 12 月，约定还款日期为 12 月之前且对方还未付款的，单元格按背景色自动提醒。

获取当前月份：

=MONTH(NOW())

约定还款日期月份：

=MONTH($B2)

综合起来：

=AND($D2="",MONTH(NOW())>MONTH($B2))

设置条件格式公式后，效果如图 9-99 所示。

其实，只要会用方法，不论条件如何变化，你都能游刃有余。

假如约定还款日期跨年了，有 2017 年及 2018 年的，这样设置就会出错，如图 9-100 所示。

	A	B	C	D
1	姓名	约定回款日期	应收账款余额	已还款
2	卢子	2017-7-2	5545	√
3	张三	2017-12-3	4310	
4	李四	2017-12-4	7005	
5	王五	2017-12-5	5960	
6	赵六	2017-12-6	9865	
7	陈锡卢	2017-3-4	2257	√
8	飞鱼	2017-3-5	5661	√
9	无言	2017-3-6	5930	√
10	糖糖	2017-3-7	1039	√
11	清风	2017-7-4	6570	√
12	芦苇	2017-6-4	2649	√
13	燕子	2017-7-5	5710	√
14	郭大侠	2017-9-6	2980	
15	大陆	2017-8-7	8661	√
16	丹语	2017-12-8	2220	
17	宏宇	2017-11-9	7995	
18				

图 9-99 将 12 之前的显示背景色

	A	B	C	D
1	姓名	约定回款日期	应收账款余额	已还款
2	卢子	2018-1-1	5545	
3	张三	2017-12-3	4310	
4	李四	2017-12-4	7005	
5	王五	2017-12-5	5960	
6	赵六	2017-12-6	9865	
7	陈锡卢	2017-3-4	2257	√
8	飞鱼	2017-3-5	5661	√
9	无言	2017-3-6	5930	√
10	糖糖	2017-3-7	1039	√
11	清风	2017-7-4	6570	√
12	芦苇	2017-6-4	2649	√
13	燕子	2017-7-5	5710	√
14	郭大侠	2017-9-6	2980	
15	大陆	2017-8-7	8661	√
16	丹语	2017-12-8	2220	
17	宏宇	2017-11-9	7995	
18				

图 9-100 跨年的时候出错

如何对当月之前没有还款的人设置提醒才是正确的呢？

将条件格式的公式改成：

```
=AND($D2="",--TEXT(NOW(),"emm")>--TEXT($B2,"emm"))
```

TEXT 函数的作用就是将日期转换成年月。因为 TEXT 函数获取出来的是文本格式，在前面加 -- 转换成数值格式，这样就可以对 201712 与 201801 这样的年月进行比较，最终效果如图 9-101 所示。

	A	B	C	D
1	姓名	约定回款日期	应收账款余额	已还款
2	卢子	2018-1-1	5545	
3	张三	2017-12-3	4310	
4	李四	2017-12-4	7005	
5	王五	2017-12-5	5960	
6	赵六	2017-12-6	9865	
7	陈锡卢	2017-3-4	2257	√
8	飞鱼	2017-3-5	5661	√
9	无言	2017-3-6	5930	√
10	糖糖	2017-3-7	1039	√
11	清风	2017-7-4	6570	√
12	芦苇	2017-6-4	2649	√
13	燕子	2017-7-5	5710	√
14	郭大侠	2017-9-6	2980	
15	大陆	2017-8-7	8661	√
16	丹语	2017-12-8	2220	
17	宏宇	2017-11-9	7995	
18				

图 9-101　跨年比较最终效果